大学Visual Basic

程序设计实验教程

（第二版）

编著　鲁　燃　马学强　华　凡　袁晓宁

　　　解　福　马金刚　张　辉　王　娟

中国石油大学出版社

图书在版编目（CIP）数据

大学 Visual Basic 程序设计实验教程/鲁燃等编著.
—2 版.—东营：中国石油大学出版社，2012.7
ISBN 978-7-5636-3491-0

Ⅰ.①大... Ⅱ.①鲁... Ⅲ.①
BASIC 语言 – 程序设计 – 高等学校 – 教材 Ⅳ.①TP312

中国版本图书馆 CIP 数据核字（2012）第 161062 号

书　　名：大学 Visual Basic 程序设计实验教程
作　　者：鲁燃　马学强　华凡　袁晓宁　解福　马金刚　张辉　王娟

责任编辑：刘玉兰（0532–86981535）

出 版 者：中国石油大学出版社（山东 东营，邮编 257061）
印 刷 者：沂南县汶凤印刷有限公司
电子邮箱：eyi0213@163.com
发 行 者：中国石油大学出版社（电话 0532–86983011）
开　　本：185 mm×260 mm　印张：13.5　字数：346 千字
版　　次：2012 年 7 月第 2 版第 1 次印刷
定　　价：23.80 元

前　言

　　《大学 Visual Basic 程序设计教程》系统全面地介绍了 Visual Basic 程序设计方法和相关技术。结合山东省高校非计算机专业计算机等级考试 Visual Basic 考试大纲和高校计算机应用基础教学特点，为进一步让学生掌握软件开发思想和开发技术，加强学生使用计算机解决实际问题的意识和提高学生的计算思维能力，编写了《大学 Visual Basic 程序设计实验教程》。

　　《大学 Visual Basic 程序设计实验教程》是与《大学 Visual Basic 程序设计教程》配套的上机辅助教材，验证性实验通过教材例题实现，设计性、创新型和综合性实验可通过实验教程实现。

　　全书共分 13 章，并附有考试大纲、样题和考试系统使用说明。每一章根据内容和实验进度分别设计了多个相关实验和综合练习，实验内容丰富，综合性强，综合练习力求针对性强；每一个实验分为实验目的、实验任务、实验所需素材（按实验需要提供）、实验操作过程、实验分析及知识拓展、拓展作业等几部分。实验目的简洁、明确，每个实验任务以实验结果形式提供，学生可先运行实验结果的相关程序，直观地了解本实验要完成的任务，然后根据实验过程完成实验。实验素材的提供，可避免学生的重复性和与实验无关的其他工作，以在规定的上机时间内最大限度地完成更多实验。通过实验分析及知识拓展、拓展作业，对各章节的知识点加以适当扩充，实验的应用性相对教材例题有所提升，可更好地让学生对实验目的加以理解和知识固化，并加强学生自己分析问题、解决问题的能力和意识，有利于学习者知识的掌握和实践能力的提高。

　　本书内容丰富，结构严谨，实验安排循序渐进，实验案例通俗易懂；《大学 Visual Basic 程序设计教程》与本书配套使用，从而使本书实践与教材知识体系的认知相得益彰。

　　本书编著者均为教学一线教师，经验丰富。第 1 章由华凡编著，第 2 章由华凡、王娟编著，第 3 章、第 4 章由华凡编著，第 5 章、第 6 章由张辉编著，第 7 章、第 8 章由马学强编著，第 9 章、第 10 章、第 11 章由袁晓宁编著，第 12 章由鲁燃、解福编著，第 13 章由马金刚编著，全书由鲁燃、马学强、华凡统稿。附录由鲁燃、解福和王娟整理。

　　在本书的编写过程中，得到了山东省教育厅高教处的大力支持，也得到了山东省高校一些计算机教学专家的具体指导，在此一并表示衷心感谢。

　　限于编者的水平，本教材在内容及文字方面可能存在许多不足之处，希望使用者批评指正，以使本教材在再次修订时得到完善和提高。

编　者

2012 年 6 月

目　　录

第1章 Visual Basic 概述

实验一 初识 VB 编程

一、实验目的及实验任务

1. 实验目的

(1) 掌握 VB 的启动和退出方法；

(2) 熟悉 VB 的集成开发环境。

2. 实验任务

双击光盘上的"实验结果\第1章\实验一\VB 第一个程序.exe"，运行程序，界面如图 1-1 所示。

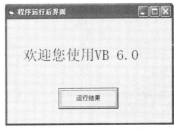

图 1-1　启动效果　　　　　　　　　　图 1-2　运行后效果

在图 1-1 中单击"请单击"命令按钮，结果如图 1-2 所示。了解了实验任务后，请编程实现该程序的功能。

二、实验操作过程

启动 VB，在弹出的"新建工程"对话框中，选择创建工程类型为"标准 EXE"，单击"打开"按钮，进入集成开发环境，如图 1-3 所示。

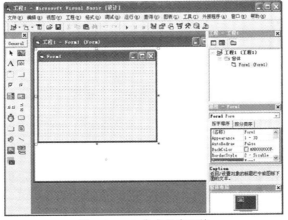

图 1-3　VB 集成开发环境

1. 界面设计

在窗体中创建一个标签 Label1、一个命令按钮 Command1。窗体(Form1)、标签(Label1)、命令按钮(Command1)的属性设置见表 1-1。

表 1-1　在属性窗口中设置对象的属性

对象名称	属性名称	属 性 值
Form1	Caption	界面设计
Label1	Caption	注意变化
	Font	设置二号字大小
Command1	Caption	请单击

设计好的界面如图 1-4 所示。

图 1-4　设计界面

2. 代码编写

双击 Command1 进入代码窗口，在 Command1 的 Click 事件中编写程序代码如下：

```
Private Sub Command1_Click()
    Form1.Caption="程序运行后界面"
    Label1.Caption="欢迎您使用 VB 6.0"
    Command1.Caption="运行结果"
End Sub
```

代码输入完成后的代码窗口如图 1-5 所示。

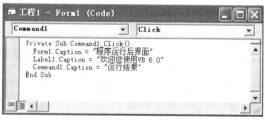

图 1-5　代码窗口

运行程序，结果如图 1-2 所示。

三、实验分析及知识拓展

通过本实验，熟悉在集成开发环境中的窗体窗口、属性窗口、工程资源管理器、窗体布局窗口、工具箱的默认位置。在进行界面设计时，学会对象的移动和改变对象大小的方法。

在视图或工程资源管理器中切换显示代码窗口和窗体窗口。在"视图"菜单中单击"立即窗口"，观察刚刚显示出来的立即窗口。尝试分别将各部分关闭，然后再用"视图"菜单中对应的菜单命令将其显示，学会定制 VB 编程环境。

注意：可以通过两种方法设置对象的属性：

(1)在程序设计状态，通过属性窗口对该属性进行修改或设置。

(2)在程序运行状态，通过程序中的语句动态地更改对象的属性。修改对象属性的语句格式为：

对象名.属性名称=新设置属性值

四、拓展作业

编写一个简单的应用程序，在窗体上创建一个命令按钮 Command1、一个标签 Label1。要求窗体的标题为"简单实验"；窗体中命令按钮的标题为"显示"；单击该按钮后在标签上显示红色的"Hello Word!"。运行结果如图 1-6 所示。

图 1-6 拓展作业程序运行结果

提示：

在标签上显示红色的"Hello Word!"需要设置标签控件的前景色(ForeColor)。

实验二 VB 小程序

一、实验目的及实验任务

1. 实验目的

(1)进一步熟悉 VB 的集成开发环境；

(2)掌握编写 VB 程序的基本步骤；

(3)掌握 VB 程序的保存方法，以及相关文件类型。

2. 实验任务

双击光盘上的"实验结果\第 1 章\实验二\VB 小程序.exe"，运行程序，了解实验任务。该程序在窗体上设置了一个标签、两个命令按钮。标签上显示"欢迎使用 VB"，单击两个按钮分别实现增加标签字体大小及改变标签颜色。

二、实验操作过程

启动 VB，在弹出的"新建工程"对话框中，选择创建工程类型为"标准 EXE"，单击"打开"按钮，进入集成开发环境，如图 1-3 所示。

1. 界面设计

本实验有一个窗体 Form1，窗体上有一个标签 Label1 和两个命令按钮 Command1、Command2。调整各控件的位置及大小；在属性窗口中，将标签的 Caption 属性改为"VB 小程序"，两个命令按钮的 Caption 属性分别设置为"改变标签大小"、"改变标签颜色"。

窗体设计如图 1-7 所示。

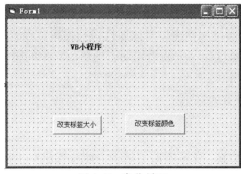

图 1-7　窗体界面

2. 代码编写

在代码窗口中，分别为命令按钮 Command1、Command2 编写如下事件过程：

```
Private Sub Command1_Click()
    Label1.FontSize=Label1.FontSize+1
End Sub

Private Sub Command2_Click()
    Static i As Integer
    Label1.ForeColor=QBColor(i Mod 16)
    i=i+1
End Sub
```

3. 保存程序

单击工具栏上的"保存工程"按钮，选择保存文件的位置后（建议保存在自己创建的文件夹内），依次保存窗体文件（默认为 Form1.frm）及工程文件（VB 小程序.vbp）。

4. 运行程序

单击工具栏中的"运行"按钮运行程序，多次单击窗体上的命令按钮，观察标签的变化。

三、实验分析及知识拓展

本实验主要让学生进一步熟悉 VB 6.0 集成开发环境，了解各窗口的基本功能。重点掌握编写程序的基本步骤，包括新建、保存、运行等操作。

学习基本控件标签及命令按钮的简单使用，通过属性窗口及程序方式设置控件的常用属性值。本实验中修改标签的字体颜色使用了 QBColor() 函数，可参考教材 2.3.2 小节中有关颜色属性设置的内容。

本实验中，多次改变标签的字体大小及颜色是通过连续单击命令按钮完成的，可以通过定时器控件，使得单击命令按钮后，能够每隔一定时间间隔，就将标签的字体大小及颜色改变一次。

四、拓展作业

1. 拓展作业任务

双击光盘上的"实验结果\第 1 章\拓展作业二\VB 小程序拓展.exe"，运行程序，了解实验任务，实现以下功能：

(1)单击窗体上的第一个命令按钮,可以每隔 1 秒钟自动改变标签的字体大小及颜色。

(2)单击窗体上的第二个命令按钮,则停止改变。

(3)如果标签的字体大小超过 30,则将其置为 10,再重新开始。程序某一时刻的运行截图如图 1-8 所示。

图 1-8　拓展作业界面设计

2. 本作业用到的主要操作提示

(1)在窗体上添加定时器控件 Timer1,在属性窗口中将其 Interval 属性置为 1000,Enabled 属性置为 False;

(2)在 Command1_Click()及 Command2_Click()事件过程中,通过为 Timer1.Enabled 属性赋值,启动(Enabled 属性值为 True)或停止(Enabled 属性值为 False)定时器。

(3)在 Timer1_Time()事件过程中,书写 If 条件语句:

If Label1.FontSize>30 Then Label1.FontSize=10

关于 If 语句的使用,可以参考教材第 4 章。

综合练习

一、单项选择题

1. 启动 VB 后可进入“新建工程”对话框,以下说法中有错误的是_____。

　A. 选择“新建”选项卡,是创建一个新的工程或应用程序

　B. 选择“现存”选项卡,是将某个工程或程序保存到磁盘上

　C. 选择“最新”选项卡,是打开最近存储的工程或应用程序

　D.“新建”选项卡下列出了 VB6.0 所能建立的应用程序类型

2. 工具箱中提供了一组常用控件,以下关于控件的说法错误的是_____。

　A. 工具箱中的控件都用一个图标表示

　B. 双击工具箱中的一个控件可以将控件添加到窗体上

　C. 单击工具箱中的一个控件后按住鼠标右键在窗体上拖动,可以将一个控件添加到窗体上

　D. 可以往工具箱中添加其他控件

3. 以下关于代码窗口的说法错误的是_____。

　A. 代码窗口用于编辑源代码,又称代码编辑器

　B. 在编辑状态下双击窗体任何地方,可进入代码窗口

　C. 对象列表框中列出了当前窗体及窗体上所有对象名

D. 事件列表框中列出了所有对象的事件名。

4. 以下关于标题栏的说法错误的是_____。

A. 标题栏中显示的是窗体控制菜单图标、当前正在设计或打开的工程名称以及"最大化"/"最小化"和"关闭"按钮

B. 标题栏中显示[设计]，表示当前处于设计状态，此时，可以进行界面设计和代码编辑

C. 标题栏中显示[运行]，表示工程正在运行状态，这时，代码和界面都不可以编辑

D. 标题栏中显示[break]，表示处于中断状态，这时，代码和界面都不可以编辑

5. 以下关于 VB 工具箱的说法错误的是_____。

A. 工具箱中提供了 VB 应用程序常用的控件

B. 工具箱中的控件都用一个图标表示

C. 双击控件图标，或单击工具箱中的一个控件后按住鼠标左键在窗体上拖动，都可以将一个控件添加到窗体上

D. 工具箱中的控件是固定的，不能再添加或删除控件

6. VB 集成开发环境中不包括下列_____。

A. 工具箱　　　　　　　　　　　B. 工程资源管理器

C. 属性窗口　　　　　　　　　　D. 命令窗口

7. 在设计应用程序时，通过_____可以查看应用程序工程中的所有组成部分。

A. 代码窗口　　　　　　　　　　B. 窗体设计窗口

C. 属性窗口　　　　　　　　　　D. 工程资源管理器

8. VB6.0 共有三个版本，按功能从弱到强的顺序排列应是_____。

A. 学习版、专业版和工程版　　　B. 学习版、工程版和专业版

C. 学习版、专业版和企业版　　　D. 学习版、企业版和专业版

9. VB 集成开发环境有三种工作模式，_____不属于三种工作模式之一。

A.设计模式　　　B.编写代码模式　　　C.运行模式　　　D.中断模式

10. 工程文件的扩展名是_____。

A. .frm　　　　　　B. .vbp　　　　　　C. .bas　　　　　　D. .frx

11. 窗体文件的扩展名是_____。

A. .frm　　　　　　B. .vbp　　　　　　C. .bas　　　　　　D. .frx

12. VB 集成开发环境可以_____。

A. 编辑、调试、运行程序，但不能生成执行程序

B. 编辑、生成可执行程序，运行程序，但不能调试程序

C. 编辑、调试、生成可执行程序，但不能运行程序

D. 编辑、调试、运行程序，也能生成执行程序

13. 下列选项中，属于 VB 的程序设计方法是_____。

A. 面向对象、顺序驱动　　　　　B. 面向对象、事件驱动

C. 面向过程、事件驱动　　　　　D. 面向过程、顺序驱动

14. 与传统的程序设计语言相比，VB 最突出的特点是_____。

A. 结构化程序设计　　　　　　　B. 程序开发环境

C. 事件驱动编程机制　　　　　　D. 程序调试技术

二、判断题(正确为**True**，错误为**False**)

1. 事件驱动的编程机制就是使每个对象的某一个事件对应一段代码，又称事件过程，通过操作引发某个事件来驱动事件过程完成某种特定功能。　　　　　　　　　　　(　　)

2. VB 编程系统采用了面向对象、事件驱动的编程机制，提供了一种所见即所得的可视化界面设计方法。　　　　　　　　　　　　　　　　　　　　　　　　　　　(　　)

3. 用非可视化的语言编写程序，在设计阶段就可以看出程序运行后的实际效果。(　　)

4. 在 VB 中，对象属性设置只能在属性窗口中进行。　　　　　　　　　　(　　)

5. 工程资源管理器中显示模块名和文件名，二者必须相同。　　　　　　　(　　)

6. 要想获得 VB 的帮助信息，在安装 VB 时必须安装 MSDN。　　　　　　(　　)

7. VB 中的工程资源管理器用树状的层次管理方式管理文件，可以展开和折叠文件。
　　　　　　　　　　　　　　　　　　　　　　　　　　　　　　　　　(　　)

8. 窗体中布满的小点是网格线，是供设计时控件对齐和掌握大小用的，运行时消失。
　　　　　　　　　　　　　　　　　　　　　　　　　　　　　　　　　(　　)

9. VB 的窗体布局窗口用于观察应用程序中各窗体运行时在屏幕上的初始位置。(　　)

10. VB 将一个应用程序称为一个"工程"，工程文件的扩展名是.vbp。　　　(　　)

11. 打开立即窗口的方法是，单击视图菜单中的"立即窗口"命令。　　　　(　　)

第2章　程序设计方法简介

实验一　文本框、标签、命令按钮的基本操作

一、实验目的及实验任务

1. 实验目的

(1)掌握文本框、标签的使用，用文本框输入数据，用标签输出运算结果；

(2)掌握文本框、标签、命令按钮等控件的基本属性，如 Caption、Text、BackColor、BorderStyle、FontSize、Alignment 等；

(3)编写标签或命令按钮的 Click()事件过程，完成程序功能。

2. 实验任务

运行光盘上的"实验结果\第 2 章\实验一\四则运算.exe"，运行程序，了解实验任务。

该程序只有一个窗体(Form1)，窗体中的上面一行显示进行运算的算式，两个运算数由文本框输入，运算符的输入是从下面一行的 4 个运算符标签(Label4~Label7)中选择其一，然后将选中的运算符显示在算式中(Label1 上)，当单击"="标签(Label2)时，执行运算功能，结果显示在算式最右端(Label3 上)。单击"清除"按钮(Command1)时，将清除算式及运算结果。

二、实验操作过程

1. 进行窗体Form1 的界面设计

窗体界面的组成如图 2-1 所示。

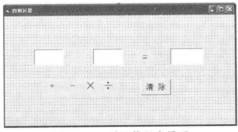

图 2-1　四则运算程序界面

2. 通过属性窗口，修改控件属性

(1)调整控件的位置及大小，使窗体布局较为合理；

(2)将 Text1、Text2 的 Text 属性清空，注意不要有空格；

(3)将 Label1、Label3 的 Caption 属性清空；

(4)将 Label3 的 BackColor 属性置为&HFFFFFF(白色)，BorderStyle 属性置为 1(Fixed Single)；

(5)将 Label1、Label2 及 Label4~Label7 的 Alignment 属性置为 2(Center)。

3. 代码编写

在代码窗口的"通用-声明"区输入代码：

Dim op As Integer

编写如下事件过程：

Private Sub Command1_Click()

　　Label1.Caption=""

　　Label3.Caption=""

　　Text1.Text=""

　　Text2.Text=""

End Sub

Private Sub Label2_Click()

　　If op=1 Then Label3.Caption=Val(Text1)+Val(Text2)

　　If op=2 Then Label3.Caption=Text1-Text2

　　If op=3 Then Label3.Caption=Text1*Text2

　　If op=4 Then Label3.Caption=Text1/Text2

End Sub

Private Sub Label4_Click()

　　Label1.Caption=Label4.Caption

　　op=1

End Sub

Private Sub Label5_Click()

　　Label1.Caption=Label5.Caption

　　op=2

End Sub

Private Sub Label6_Click()

　　Label1.Caption=Label6.Caption

　　op=3

End Sub

Private Sub Label7_Click()

　　Label1.Caption=Label7.Caption

　　op=4

End Sub

三、实验分析及知识拓展

本实验主要让学生熟悉标签、文本框、命令按钮的基本属性、使用方法等，能完成简单界面的设计，并完成功能代码的编写。

读者可根据自己的爱好进一步美化界面，如设置背景图片、修改控件颜色等。

对本实验中的代码，作以下说明：

(1)本实验通过四个标签来选择算式中的运算符，并声明一个模块级变量 op 来保存用户的选择，当单击"="标签时，将根据变量 op 的值进行不同的运算。变量的概念及声明可参考教材第 3 章。

(2)If 语句的使用可参考教材第 4 章。

(3)在进行加法运算时，需要把文本框中输入的数据通过 Val()函数转换为数值，而减、乘、除运算则可以不转换（为什么？）。关于运算符的使用可以参考教材第 3 章"算术运算符"部分，Val()函数的使用可以参考教材第 5 章。

文本框是一种输入/输出控件，既可以输入数据，也可以输出信息；标签通常用来输出信息，也可以响应 Click()等事件，完成一定的功能；命令按钮的使用通常是编写其 Click()事件过程，完成一定的功能。读者也可以改变本实验中某些控件的类型，实现同样的功能。

四、拓展作业

1. 拓展作业任务

双击光盘上的"实验结果\第 2 章\拓展作业一\四则运算.exe"，运行程序，了解实验任务，在实验一的基础上修改界面，仅通过一个文本框来输入运算数据及显示运算结果。结果如图 2-2 所示。

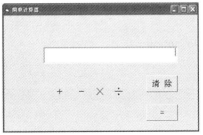

图 2-2　拓展作业运行界面

2. 本作业用到的主要操作提示

(1)文本框 Text1 用来输入两个运算数据并显示运算结果，当单击运算符标签(Label1~Label4)时，应把当前文本框中的数据保存好(存入变量 num1)，清空文本框，准备接收下一个运算数。

(2)当单击"="按钮时，当前文本框中的内容为第二个运算数(保存到 num2 中)，应根据保存好的运算符(op 变量的值)及第一个运算数(num1)进行运算，结果显示到文本框 Text1 中。

(3)当单击"清除"或"="按钮时，焦点会停留在按钮上，不方便下一个数据的输入，所以应在这两个命令按钮的 Click()事件过程中添加 Text1.SetFocus 语句，使文本框获得焦点。

实验二　多窗体操作

一、实验目的及实验任务

1. 实验目的

(1)掌握窗体、标签、文本框、命令按钮的基本属性；

(2)掌握窗体的基本事件及方法；

(3)掌握多窗体的操作。

2. 实验任务

打开光盘上的"实验结果\第 2 章\实验二\登录注册.exe",运行程序,了解实验任务。该程序包括三个窗体:登录窗体(Form1)、注册窗体(Form2)、系统功能窗体(Form3),当单击窗体上的按钮或标签时,将切换到其他窗体或结束整个程序的运行。

二、实验所需素材

本实验所需素材文件在配套光盘中的位置:实验素材\第 2 章\实验二。

三、实验操作过程

1. 登录窗体Form1 的设计

(1)窗体界面的组成如图 2-3 所示。

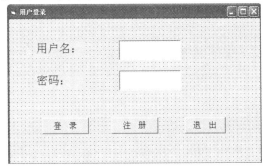

图 2-3　登录窗体界面

各控件的 Name 属性均采用默认值。

标签 Label1 和 Label2 分别用来显示提示信息"用户名:"和"密码:"。

文本框 Text1 和 Text2 分别用来输入用户名和密码,将 Text2 的 PasswordChar 属性置为"*"。

当单击"登录"按钮(Command1)时,如果输入的用户名为"abcdef",密码为"123456",则显示系统功能窗体(Form3),如果输入不正确,则不执行任何操作;当单击"注册"按钮(Command2)时,则显示注册窗体(Form2);当单击"退出"按钮(Command3)时,则结束程序的运行。

(2)代码编写:

分别为 Command1、Command2、Command3 编写如下事件过程:

```
Private Sub Command1_Click()
    If Text1.Text="abcdef" And Text2.Text="123456" Then
        Form1.Hide
        Form3.Show
    End If
End Sub

Private Sub Command2_Click()
    Form1.Hide
    Form2.Show
```

```
End Sub

Private Sub Command3_Click()
    End
End Sub
```

有关代码中 If 语句的使用，可参考教材第 4 章。

2. 注册窗体Form2 的设计

(1)窗体界面的组成如图 2-4 所示。

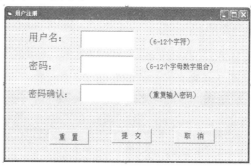

图 2-4　注册窗体界面

各控件的 Name 属性均采用默认值。

标签 Label1~Label6 用来显示提示信息。

文本框 Text1、Text2、Text3 分别用来输入用户名、密码、重输密码，将 Text2 和 Text3 的 PasswordChar 属性置为"*"。

当单击"重置"按钮(Command1)时，将文本框 Text1、Text2、Text3 中的内容清空；当单击"提交"按钮(Command2)时，则显示登录窗体(Form1)；当单击"取消"按钮(Command3)时，则结束程序的运行。

(2)代码编写：

分别为 Command1、Command2、Command3 编写如下事件过程：

```
Private Sub Command1_Click()
    Text1.Text=""
    Text2.Text=""
    Text3.Text=""
End Sub

Private Sub Command2_Click()
    Form2.Hide
    Form1.Show
End Sub

Private Sub Command3_Click()
    End
End Sub
```

3. 系统功能窗体(Form3) 的设计

(1)窗体界面的组成如图 2-5 所示。

图 2-5　系统功能窗体界面

Label1 用来显示问候信息 "您好！欢迎使用山东师范大学学生管理系统"；Label2~Label4 用来分别显示功能提示信息（新学期选课、成绩查询和修改密码）；当单击 "返回首页" 标签（Label5）时，将显示登录窗体（Form1），当单击 "退出" 标签（Label6）时，则结束程序的运行。本实验中，单击标签 Label2~Label4 时，不执行任何操作。

本窗体所用的图片文件为光盘上的 "实验素材\第 2 章\实验二\山东师范大学.jpg"，可以将该图片设为窗体的背景图片，或在窗体上添加一个图片框（PictureBox）控件以显示该图片（PictureBox 控件的使用可以参考教材第 7 章）。

（2）代码编写：

```
Private Sub Form_Load()
    Label1.Caption=Form1.Text1.Text+", "+Label1.Caption+Space(40) & Date
End Sub
```

代码说明：

该过程将用户名及系统当前日期显示在 Label1 上。此赋值语句用到了字符串连接运算符 "+" 和 "&"，其详细含义可以参考教材第 3 章；还用到了生成若干空格的函数 Space() 和取系统日期的函数 Date()，其使用方法可以参考教材第 5 章。

```
Private Sub Label5_Click()
    Unload Form3
    Form1.Show
End Sub

Private Sub Label6_Click()
    End
End Sub
```

四、实验分析及知识拓展

本实验主要让学生熟悉窗体、标签、文本框、命令按钮的基本属性、方法、事件等，能运用这些控件对象进行程序界面的设计，并完成功能代码的编写。

读者可根据自己的爱好进一步美化界面，如设置背景图片、修改控件颜色等。

本实验中，在不同窗体之间切换时，为了使当前窗体不再显示，有的使用了窗体的 Hide 方法，有的使用了 Unload 命令，请说出两种用法之间的区别。

五、拓展作业

1. 拓展作业任务

在实验二的基础上，实现以下功能：当在三个窗体之间切换时，每次显示"登录窗体"或"注册窗体"时，窗体上文本框的内容都被清空。

2. 本作业用到的主要操作提示

(1) 清空文本框的语句应放到窗体的 Load() 事件过程中。

(2) 使窗体不再显示，应使用 Unload 命令，而不是窗体的 Hide 方法。

实验三　综合应用——记事本界面设计

一、实验目的及实验任务

1. 实验目的

利用 VB 中的文本框、菜单，实现一个简单的"记事本"程序。通过本实验，让学生掌握文本框、菜单的基本使用方法，进一步了解界面设计元素，提高学生使用 VB 解决实际问题的能力。

2. 实验任务

打开光盘上的"实验结果\第 2 章\实验三\记事本.exe"，运行程序，了解实验任务，如图 2-6 所示，设计简单的"记事本"程序。

图 2-6　简单记事本

二、实验操作过程

启动 VB，在弹出的"新建工程"对话框中，选择创建工程类型为"标准 EXE"，单击"打开"按钮，进入集成开发环境。

1. 界面设计

1) 窗体设计

设置窗体的 Caption 属性的值为"记事本"，名称默认为 Form1。

2) "记事本"输入界面设计

在窗体上放置一个文本框，设置文本框至合适大小，文本框的属性设置见表 2-1。

表 2-1　文本框属性设置

属 性 名	属 性 值	说　　　明
Name	Text1	文本框名字
Text	空	文本框中显示的文字
MultiLine	True	值为 True，可以接收多行文本
ScrollBars	2	值为 2：显示垂直滚动条

3)"记事本"菜单设计

选择"工具"菜单中的"菜单编辑器"命令,进入菜单编辑器,进行"记事本"菜单的设计,菜单属性的设置见表 2-2。

表 2-2　菜单属性设置

控　件	Name 属性值	Caption 属性值	快捷键
顶级菜单 1	mnuFile	文件(&F)	
菜单项 11	mnuNew	新建(&N)	Ctrl+N
菜单项 12	mnuOpen	打开(&O)	Ctrl+O
菜单项 13	mnuSave	保存(&S)	Ctrl+S
菜单项 14	mnuSaveAs	另存为(&A)	
菜单项 15	mnuPrint	打印(&P)	Ctrl+P
菜单项 16	mnuLine	—	
菜单项 17	mnuExit	退出(&X)	
顶级菜单 2	mnuEdit	编辑(&E)	
菜单项 21	mnuCut	剪切(&T)	Ctrl+X
菜单项 22	mnuCopy	复制(&C)	Ctrl+C
菜单项 23	mnuPaste	粘贴(&P)	Ctrl+V
菜单项 24	mnuDel	删除(&L)	Del
顶级菜单 3	mnuFormat	格式	
菜单项 31	mnuFont	字体(&F)...	Ctrl+X

在菜单编辑器中,根据表 2-2 中的定义,依次设计各个菜单的标题(Caption 属性)、名称(Name 属性)和快捷键,然后通过按钮 ← 和 → 调整各菜单的相对级别(← 提升菜单级别,→ 降低菜单级别),通过按钮 ↑ 和 ↓,调整各菜单的位置,通过快捷键下拉列表,给相应的菜单选择快捷键。设计好的菜单编辑器如图 2-7 所示。

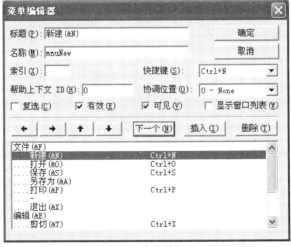

图 2-7　菜单编辑器

设计好的各菜单运行时的效果如图 2-8 所示。

图 2-8   "记事本"菜单

2. 代码编写

本实验只实现剪切、复制、粘贴和删除功能，其他功能在后面章节实验中再实现。

在代码窗口的"通用-声明"区输入代码：

Option Explicit

Dim selectText As String

分别为菜单 mnuCopy、mnuCut、mnuDel、mnuExit 和 mnuPaste 编写如下事件过程：

```
Private Sub mnuCopy_Click()
    selectText=Text1.SelText          '用鼠标选中的文本放在 selectText 中
End Sub

Private Sub mnuCut_Click()
    selectText=Text1.SelText
    Text1.SelText=""                  '选中的文本置空
End Sub

Private Sub mnuDel_Click()
    Text1.SelText=""
End Sub

Private Sub mnuExit_Click()
    End
End Sub

Private Sub mnuPaste_Click()
    Text1.SelText=selectText          '将复制或剪切的文本插入到当前光标处
End Sub
```

Form_Resize()事件过程：

```
Private Sub Form_Resize()
    Text1.Height=Form1.ScaleHeight
    Text1.Width=Form1.ScaleWidth
End Sub
```

Form_Resize()事件过程实现的功能：改变窗体大小时，文本框大小随窗体的改变而改变。

保存工程为"记事本.vbp"，窗体为 Form1.frm。

三、实验分析及知识拓展

本实验主要让学生根据所学知识，综合应用文本框、菜单操作，实现"记事本"程序的界面设计。有关菜单的更多使用可参照教材第 10 章。

四、拓展作业

打开光盘上的"实验结果\第 2 章\拓展作业三\手机拨号.exe"，运行程序，了解实验任务，如图 2-9 所示。该程序只有一个窗体，窗体上的命令按钮 Command0~Command9 表示手机的数字按键，命令按钮"拨打"、"挂断"分别对应手机上的相应功能。窗体上的文本框(Text11)用来显示输入的电话号码及手机不同的状态，当手机处于闲置状态时(或挂断后)，将显示"中国电信"；按数字键时，将显示输入的电话号码；按"拨打"按钮时，将显示"正在拨号……"及所拨的电话号码。

图 2-9　作业运行界面

实验四　扩展实验

一、实验目的及实验任务

1. 实验目的

在掌握了 VB 的文本框、命令按钮等基本控件的基础上，引入通用对话框和 WindowsMediaPlayer 控件，实现一个简单的播放器程序。通过本实验，培养学生进行程序设计的兴趣，提升学生的自学意识和自学能力，对所学知识能够灵活应用，为后续课程的学习打下良好基础。

2. 实验任务

双击光盘上的"实验结果\第 2 章\实验四\简单播放器.exe"，运行程序，单击"播放"按钮，选择播放文件后(Music 文件夹下提供了测试音频文件)，界面如图 2-10 所示。在了解实验任务后，自己动手设计简单播放器程序。

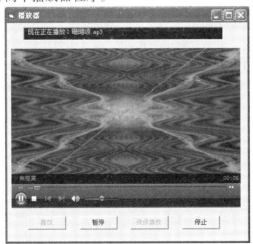

图 2-10　播放器运行图

二、实验操作过程

启动 VB，在弹出的"新建工程"对话框中，选择创建工程类型为"标准 EXE"，单击"打开"按钮，进入集成开发环境。

1. 界面设计

在窗体上放置一个文本框、四个命令按钮，设置文本框至合适大小。窗体及控件的属性设置见表 2-3。

表 2-3　窗体及控件属性属性设置

控　件	属 性 名	属 性 值	说　明
Form1	名称	默认值 Form1	图体名字
	Height	6600	设置窗体高度
	Width	7000	设置窗体宽度
	Caption	播放器	窗体标题
	BorderStyle	1	窗体边框类型
文本框	名称	默认值 Text1	文本框名字
	Text	空	Text 属性值
Command1	名称	cmdPlay	按钮名字
	Caption	播放	按钮标题
Command2	名称	cmdPause	按钮名字
	Caption	暂停	按钮标题
Command2	名称	cmdContinue	按钮名字
	Caption	继续播放	按钮标题
Command2	名称	cmdStop	按钮名字
	Caption	停止	按钮标题

添加通用对话框控件和 WindowsMediaPlayer 控件：鼠标右键单击工具箱，在弹出的快捷菜单中选择"部件"命令或单击"工程"菜单中的"部件"命令，打开"部件"对话框，选择"Microsoft Common Dialog Controls 6.0"和"Windows Media Player"后，再选择"只显示选定项"，如图 2-11 所示。单击"确定"按钮，将通用对话框控件和 WindowsMediaPlayer 控件添加到 VB 的工具箱中。

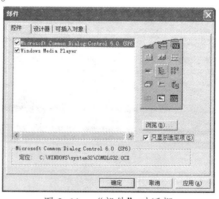

图 2-11　"部件"对话框

拖动工具箱上的通用对话框控件 和 WindowsMediaPlayer 控件 到窗体上，将通用对话框控件的名称属性设置为 Cd1，WindowsMediaPlayer 控件的名称属性设置为 Wmp，并适当调整 WindowsMediaPlayer 控件的大小。设计界面如图 2-12 所示。

图 2-12 播放器设计界面

2. 代码编写

在窗体的 Load 事件中编写如下代码：

Private Sub Form_Load（）

    Wmp.Visible=False   '设置 WindowsMediaPlayer 控件初始不可见

    cmdContinue.Enabled=False   '设置 "继续播放" 按钮不可用

    cmdPause.Enabled=False   '设置 "暂停" 按钮不可用

    cmdStop.Enabled=False   '设置 "停止" 按钮不可用

    Text1.Text="本播放器支持多种音乐格式，欢迎使用。"

    Text1.BackColor=vbBlack

    Text1.ForeColor=vbYellow

End Sub

分别为 cmdPlay、cmdPause、cmdContinue 和 cmdStop 编写如下事件过程：

'播放

Private Sub cmdPlay_Click（）

    Text1.SetFocus

    Cd1.ShowOpen   '显示 "打开" 对话框

    '将从打开对话框中选择的文件，作为 WindowsMediaPlayer 控件的播放文件

    Wmp.URL=Cd1.FileName

    Wmp.Visible=True   '设置 WindowsMediaPlayer 控件可见

    Wmp.Controls.play   'WindowsMediaPlayer 控件开始播放

    Text1.Text="现在正在播放："& Cd1.FileTitle

    cmdPlay.Enabled=False

    cmdPause.Enabled=True

    cmdContinue.Enabled=False

    cmdStop.Enabled=True

End Sub

'暂停播放

Private Sub cmdPause_Click（）

```
        Text1.SetFocus
        Wmp.Controls.pause              'WindowsMediaPlayer 控件暂停播放
        cmdPause.Enabled=False
        cmdContinue.Enabled=True
End Sub

'继续播放
Private Sub cmdContinue_Click()
        Text1.SetFocus
        Wmp.Controls.play               'WindowsMediaPlayer 控件再次开始播放
        cmdPlay.Enabled=False
        cmdPause.Enabled=True
        cmdContinue.Enabled=False
End Sub

'停止播放
Private Sub cmdStop_Click()
        Wmp.Controls.stop               'WindowsMediaPlayer 控件停止播放
        cmdPlay.Enabled=True
        cmdPause.Enabled=False
        cmdContinue.Enabled=False
        cmdStop.Enabled=False
End Sub
```

三、实验分析及知识拓展

本实验主要让学生根据所学知识，综合应用文本框、命令按钮、通用对话框和 WindowsMediaPlayer 控件解决一个实际问题，培养学生的自学能力。

通用对话框控件和 WindowsMediaPlayer 控件是大家不熟悉的，本实验中用到了通用对话框控件的 ShowOPen 方法及 FileName 和 FileTitle 属性。

ShowOPen 方法：显示"打开"对话框。

FileName 属性：返回从对话框中选择的带路径的文件名。

FileTitle 属性：返回从对话框中选择的文件名，不包含路径。

用到 WindowsMediaPlayer 控件的 URL 属性和 Play、Pause 和 Stop 方法。

URL 属性：用于指定媒体文件和位置（本机或网络地址）。

可通过 WindowsMediaPlayer 控件的 controls 对播放器进行控制：

controls.play：播放。

controls.stop：停止。

controls.pause：暂停。

四、拓展作业

上网搜索更多有关 WindowsMediaPlayer 控件的使用方法，进一步完善播放器功能。

综合练习

一、单项选择题

1. 当文本框的 ScrollBars 属性设置了非零值，却没有效果，原因是_____。

 A. 文本框中没有内容   B. 文本框的 MultiLine 属性为 False

 C. 文本框的 MultiLine 属性为 True D. 文本框的 Locked 属性为 True

2. 判断是否在文本框中按了 Enter 键，应使用文本框的 _____事件。

 A. Change   B. GotFocus   C. Click   D. KeyPress

3. 如果文本框的 Enabled 属性设为 False，则 _____。

 A. 文本框的文本将变成灰色，并且用户不能将光标置于文本框上

 B. 文本框的文本将变成灰色，用户仍然能将光标置于文本框上，但是不能改变文本框中的内容

 C. 文本框的文本将变成灰色，用户仍然能改变文本框中的内容

 D. 文本框的文本正常显示，用户能将光标置于文本框上，但不能改变文本框中的内容

4. 当需要上下文帮助时，选择需要帮助的控件或程序中的关键字，然后按_____键，就可出现 MSDN 窗口及对应的帮助信息。

 A. Help   B. F10   C. Esc   D. F1

5. 下列控件中，没有 Caption 属性的是_____。

 A. 标签   B. 文本框   C. 窗体   D. 命令按钮

6. 为了使程序运行时，光标默认地置于某个文本框上，应当_____。

 A. 将该文本框的 TabIndex 属性设置为 0

 B. 将该文本框的 TabStop 属性设置为 True

 C. 将该文本框的 TabStop 属性设置为 False

 D. 将该文本框的 Enabled 属性设置为 False

7. 如果文本框的 Locked 属性设为 True，则_____。

 A. 文本框的文本将变成灰色，并且用户不能将光标置于文本框上

 B. 文本框的文本将变成灰色，用户仍然能将光标置于文本框上，但是不能改变文本框中的内容

 C. 文本框的文本将变成灰色，用户仍然能改变文本框中的内容

 D. 文本框的文本正常显示，用户能将光标置于文本框上，但不能改变文本框中的内容

8. 确保文本框中输入的全部是数字的最佳方法是_____。

 A. 在 KeyDown 或 KeyUp 事件过程中摒弃非数字输入

 B. 在 Validate 事件过程中利用 IsNumeric

 C. 在 Change 事件过程中利用 IsNumeric

 D. 在 KeyPress 事件过程中摒弃非数字输入

9. _____控件在程序运行时不能获得焦点。

 A. 文本框   B. 命令按钮   C. 复选框   D. 标签

10. 下列控件中，_____在程序运行时可以获得焦点。

A. Locked 属性为 True 的文本框　　　　B. Enabled 属性为 False 的文本框

C. 标签控件　　　　　　　　　　　　D. 加载有可用控件的窗体

11. 默认情况下按 Tab 键时，焦点在窗体中控件间的移动顺序为 _____。

　　A. 控件添加的顺序　　　　　　　　B. 自左而右的顺序

　　C. 自上而下的顺序　　　　　　　　D. 随机的顺序

12. 标签可接收的事件是_____。

　　A. Click　　　　　　B. Change　　　　　C. Load　　　　　D. Caption

13. 如果要在命令按钮上用 Picture 属性添加图片，则应设置的属性是_____。

　　A. Visible　　　　　B. Enabled　　　　　C. Style　　　　　D. Caption

14. VB 中，窗体设计器的主要功能是 _____。

　　A. 显示文字　　　　　　　　　　　B. 修改对象属性

　　C. 建立用户界面　　　　　　　　　D. 编写程序代码

15. 以下叙述中正确的是 _____。

　　A. 窗体的 Name 属性指定窗体的名称，用来标识一个窗体

　　B. 窗体的 Name 属性值是显示窗体标题栏中的文本

　　C. 可以在运行期间改变窗体的 Name 属性的值

　　D. 窗体的 Name 属性值可以为空

16. 以下叙述中错误的是 _____。

　　A. 打开一个工程文件时，系统自动装入与该工程有关的窗体文件

　　B. 保存 VB 应用程序时，应分别保存窗体文件及工程文件

　　C. VB 应用程序只能以解释方式执行

　　D. 窗体文件包含该窗体及其控件的属性

17. 当运行程序时，系统自动执行启动窗体的 _____ 事件过程。

　　A. Load　　　　　　B. Click　　　　　C. Unload　　　　　D. GotFocus

18. 要使标签控件显示时不覆盖其背景内容，要对 _____ 属性进行设置。

　　A. BackColor　　　B. ForeColor　　　C. BorderStyle　　　D. BackStyle

19. 要使命令按钮不可操作，要对 _____ 属性进行设置。

　　A. Enabled　　　　B. Visible　　　　C. BackColor　　　D. Caption

20. 文本框没有 _____ 属性。

　　A. Enabled　　　　B. Visible　　　　C. BackColor　　　D. Caption

21. 不论何种控件，共同具有的是 _____ 属性。

　　A. Text　　　　　　B. Name　　　　　C. ForeColor　　　D. Caption

22. 在面向对象方法中，类的实例称为_____。

　　A. 集合　　　　　　B. 抽象　　　　　C. 对象　　　　　D. 模板

23. VB 中最基本的对象是 _____，它是应用程序的基石，是其他控件的容器。

　　A. 文本框　　　　　B. 窗体　　　　　C. 标签　　　　　D. 命令按钮

24. 有程序代码 Command1.Caption="确定"，则 Command1、Caption 和 ""确定"" 分别代表_____。

　　A. 对象，属性，值　　　　　　　　B. 对象，方法，值

　　C. 对象，值，属性　　　　　　　　D. 属性，对象，值

25. 多窗体程序由多个窗体组成，在缺省的情况下，VB 应用程序执行时，总是把_____指定为启动窗体。

    A. 不包含任何控件的窗体　　　　　　B. 设计时的第一个窗体

    C. 包含控件最多的窗体　　　　　　　D. 命名为 Form1 的窗体

26. VB 是一种面向对象的程序设计语言，下列_____不是面向对象包含的三要素。

    A. 变量　　　　　　B. 事件　　　　　　C. 属性　　　　　　D. 方法

27. 为了防止用户按 Tab 键时将光标置于控件之上，应_____。

    A. 将控件的 TabIndex 属性设置为 0

    B. 将控件的 TabStop 属性设置为 True

    C. 将控件的 TabStop 属性设置为 False

    D. 将控件的 Enabled 属性设置为 False

28. 在文本框的属性中，用于设定文本框最多可接收字符数的属性是_____。

    A. AutoSize　　　　　　B. PasswordChar　　　C. Text　　　　　　D. Maxlength

29. 以下能够触发文本框的 Change 事件的操作是_____。

    A. 文本框失去焦点　　　　　　　　　B. 文本框获得焦点

    C. 设置文本框的焦点　　　　　　　　D. 改变文本框的内容

30. 当对象失去焦点时，将会发生_____事件。

    A. GetFocus　　　　　B. LostFocus　　　　C. Focus　　　　　D. SetFocus

31. 对象的特征和状态称为_____。

    A. 事件　　　　　　B. 方法　　　　　　C. 属性　　　　　　D. 类

32. 下面是窗体的四个属性，在界面设计时，改变属性值就看不到窗体变化的属性是_____。

    A. Top　　　　　　　B. Width　　　　　　C. Left　　　　　　D. Enabled

33. 下面四个选项，不是事件的是_____。

    A. Load　　　　　　B. Enabled　　　　　C. Unload　　　　　D. DblClick

34. 要将某命令按钮设置为默认命令按钮，应设置为 True 的属性是_____。

    A. Enabled　　　　　B. Cancel　　　　　　C. Default　　　　　D. Value

35. 若要使某文本框获得控制焦点，可使用的方法是_____。

    A. LostFocus　　　　B. Point　　　　　　C. SetFocus　　　　D. GotFocus

36. 确定一个控件在窗体上的位置的属性是_____。

    A. Width 和 Height　　　　　　　　　B. Width 和 Height

    C. Top 和 Left　　　　　　　　　　　D. Top 和 Left

37. 设置在窗体上显示字符的字体颜色的属性是_____。

    A. Picture　　　　　B. Name　　　　　　C. Backcolor　　　　D. ForeColor

38. 当一个工程中含有多个窗体时，它的启动窗体是_____。

    A. 正在编辑的窗体　　　　　　　　　B. 最后一个添加的窗体

    C. 只能是第一个添加的窗体　　　　　D. 在"工程属性"对话框中指定的窗体

39. 下列描述错误的是_____。

    A. Load 命令将指定的窗体装入内存，但并不显示

    B. 窗体的 Height、Width 属性用于设置窗体的高和宽

　　C. 执行 Unload Form1 语句后，窗体仍在内存中但不可见

　　D. 当窗体的 Enabled 属性设置为 False 时，对窗体的操作都被禁止

40. 要添加一幅画作为窗体的背景，应使用的属性是_____。

　　A. Picture　　　　　B. Name　　　　　C. Enabled　　　　D. Icon

41. 要改变窗体最小化时的小图标，应使用的属性是_____。

　　A. Picture　　　　　B. Name　　　　　C. Enabled　　　　D. Icon

二、判断题(正确为**True**，错误为**False**)

1. 一个工程可以有多个窗体，多个窗体间可以进行切换操作。　　　　　　( )

2. 在属性窗口中设置窗体上文字的字体、样式、大小，使用 Font 属性。　( )

3. 文本框中最多只能输入一行文本。　　　　　　　　　　　　　　　　( )

4. 文本框的 PasswordChar 属性的值只能为"*"。　　　　　　　　　　( )

5. 命令按钮既可接收单击事件，也可接收双击事件。　　　　　　　　　( )

6. 窗体的单击事件为 DblClick。　　　　　　　　　　　　　　　　　　( )

7. 程序运行后，命令按钮一定可见。　　　　　　　　　　　　　　　　( )

三、基本操作题

1. 在名称为 Form1 的窗体上画一个名称为 Text1 的文本框，其高、宽分别为 400、2000。请在属性框窗口中设置适当的属性满足以下要求：

　　(1) Text1 的字体为黑体，字号为四号，内容为"计算机考试"；

　　(2) 窗体的标题为"输入"，不显示"最大化"按钮和"最小化"按钮。运行后的窗体如图 2-13 所示。

　　注意：不添加任何代码，存盘时工程文件名为 vbsj1-1.vbp，窗体文件名为 vbsj1-1.frm。

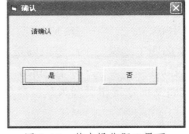

图 2-13　基本操作题 1 界面　　　　　　　图 2-14　基本操作题 2 界面

　　2. 在名称为 Form1 的窗体上画一个名称为 Label1 的标签，标题为"请确认"；再画两个命令按钮，名称分别为 Command1 和 Command2，标题分别为"是"和"否"，如图 2-14 所示。

　　请在属性窗口中设置适当属性满足以下要求：

　　(1) 窗体标题为"确认"，窗体标题栏上不显示"最大化"和"最小化"按钮；

　　(2) 在任何情况下，按回车键都相当于单击"是"按钮；按 Esc 键都相当于单击"否"按钮。

　　注意：不添加任何代码，存盘时工程文件名为 vbsj1-2.vbp，窗体文件名为 vbsj1-2.frm。

第3章 Visual Basic 语言基础

实验一 动态设置窗体背景

一、实验目的及实验任务

1. 实验目的

(1)掌握变量的定义、赋值等使用方法；

(2)理解变量的作用域；

(3)掌握常用的运算符。

2. 实验任务

打开光盘上的"实验结果\第 3 章\实验一\设置背景.exe"，运行程序，了解实验任务。该程序只有一个窗体(Form1)，在光盘的"实验素材\第 3 章\实验一\pic"文件夹下，有 10 幅图片 0.jpg~9.jpg 可以作为窗体 Form1 的背景。窗体启动时，以 0.jpg 作为背景，单击按钮"上一幅"或"下一幅"时，将更换窗体的背景图片，同时将当前使用的背景图片文件的文件名显示在标签 Label1 上。

二、实验操作过程

1. 界面设计

窗体的设计界面如图 3-1 所示。

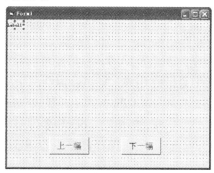

图 3-1　窗体的设计界面

2. 窗体属性设置

窗体上有两个按钮(Command1、Command2)和一个标签(Label1)，Command1 和 Command2 的 Caption 属性分别"上一幅"和"下一幅"，Label1 的 AutoSize 属性置为 True，BackStyle 属性置为 0(TransParent)。

保存工程文件名为"设置背景.vbp"，窗体文件名采用默认名称保存。

3. 代码编写

在代码窗口的"通用-声明"区输入代码，声明两个模块级变量：

```
Dim i As Integer
Dim Filedir As String
```

为窗体的 Load 事件编写如下代码，启动窗体时，用 0.jpg 作为窗体背景：

```
Private Sub Form_Load()
    Dim Filename As String
    Filedir=App.Path & "\pic\"                    '设置图片文件所在的位置
    Filename=Filedir & 0 & ".jpg"
    Form1.Picture=LoadPicture(Filename)
End Sub
```

分别为命令按钮 Command1（上一幅）和 Command2（下一幅）编写如下事件过程：

```
Private Sub Command1_Click()
    Dim Filename As String
    i=(i-1+10) Mod 10
    Filename=Filedir & i & ".jpg"
    Label1.Caption=Filename
    Form1.Picture=LoadPicture(Filename)
End Sub

Private Sub Command2_Click()
    Dim Filename As String
    i=(i+1) Mod 10
    Filename=Filedir & i & ".jpg"
    Label1.Caption=Filename
    Form1.Picture=LoadPicture(Filename)
End Sub
```

三、实验分析及知识拓展

本实验主要让学生掌握变量的声明及使用，根据变量所保存的数据的类型决定变量的类型，根据变量的使用范围决定变量的作用域。本实验声明两个模块级变量 i 和 Filedir，i 保存背景图片文件的顺序号，为整型变量；Filedir 用来保存背景图片文件的文件夹的名字，为字符型。因为在"上一幅"、"下一幅"两个按钮的 Click() 事件过程中，要共享使用 i 和 Filedir，所以它们的作用域为模块级。Filename 用来保存要使用的背景图片文件的文件名，其值不需要在不同过程之间共享，所以可以声明为过程级。

文件顺序号的初值为 0，当单击"下一幅"按钮时，i 应加 1，但其值不能大于 9，所以使用语句 i=(i+1) mod 10 来修改 i 的值；当单击"上一幅"按钮时，i 应减 1，但其值不能小于 0 而且不能为负值，所以使用语句 i=(i-1+10) mod 10 来修改 i 的值。

App.Path 介绍：

APP 是一个对象，指应用程序本身。App.Path 是系统内的一个变量值，返回程序所在的路径。如果要打开的文件和程序在同一个文件夹下，则可以使用"App.Path & "\文件名""。

若程序需要加载一些图片，图片放在文件夹 pic 中，则可以这样调用加载：

Form1.Picture=LoadPicture（App.Path & "\pic\文件名"）。

本书后面的好多程序，在使用到其他文件时，也使用了这种用法，后面的程序就不再赘述。

文件名 Filename 的值由文件路径 Filedir、文件顺序号 i 及扩展名.jpg 三部分连接而成，此处使用了字符串连接运算符 "&"。

日期型数据也是常用的数据类型之一，其运算符只有 "+" 和 "-"，使用时，要注意日期表达式的合法性。

四、拓展作业

1. 拓展作业任务

双击光盘上的 "实验结果\第 3 章\拓展作业一\翻日历.exe"，运行程序，了解实验任务。窗体上有一文本框 Text1，初始化为当前日期，也可以由用户输入任一日期。窗体上的两个按钮（Command1、Command2）的 Caption 属性分别为 "前一天"、"后一天"，可以将文本框中显示的日期更改为当前值的前一天或后一天，同时窗体的 Label3 上显示距离当前日期的天数。

2. 本作业用到的主要操作提示

（1）声明日期型数据，使用关键字 "date"，注意不是 "data"。

（2）要获取当前日期，使用系统函数 Date（），括号一般省略。Date（）的使用可参考教材第 5 章。

（3）计算表达式 Text1+1 的值时，是将 text1 转为数值型再加 1，而 d+1 的值为日期型（其中 d 为日期型变量）。

参考代码见 "实验结果\第 3 章\拓展作业一\翻日历.vbp"。

实验二　登录注册系统

一、实验目的及实验任务

1. 实验目的

（1）进一步熟悉常量、变量的使用方法；

（2）掌握变量的作用域。

2. 实验任务

本实验在 "实验结果\第 2 章\拓展作业二\登录注册.vbp" 的基础上完成。

运行光盘上的 "实验结果\第 3 章\实验二\登录注册.exe"，了解实验任务。该程序包括登录窗体（Form1）、注册窗体（Form2）和系统功能窗体（Form3）三个窗体，窗体布局与 "第 2 章\实验二" 相同。本实验中，我们修改程序代码，实现以下功能：

（1）本系统有一个已存在的用户，用户名 "abcdef" 及密码 "123456" 以常量形式使用，使用该系统可以注册一个新用户，其用户名和密码以变量形式存储。注册后，可以用新注册的用户名及密码登录系统。

（2）可以通过单击系统功能窗体（Form3）上的 "修改密码" 标签（Label4），修改新注册用户的密码（但不能修改已存在用户 "abcdef" 的密码）。修改时，将显示注册窗体（Form2），Text1 中显示新注册的用户名，密码及重输密码文本框（Text2 及 Text3）被清空。

（3）在注册窗体（Form2）上单击"提交"或"取消"按钮时，将返回前一窗体（Form1 或 Form3）。

二、实验所需素材

本实验所需素材文件在配套光盘中的位置：实验素材\第 3 章\实验二\登录注册.vbp。

三、实验操作过程

打开"实验素材\第 3 章\实验二\登录注册.vbp"，参考下面给出的代码，修改各窗体模块的代码，并认真体会各变量的作用及其使用。

1. 登录窗体Form1 的代码

"通用-声明"区代码：

```
Option Explicit
Public user As String, pass As String
Public pre_form As Integer
Public login_user As String
```

"登录"按钮的代码如下：

```
Private Sub Command1_Click()
    If Text1.Text="abcdef" And Text2.Text="123456" Then
        login_user="abcdef"
        Unload Form1
        Form3.Show
    End If
    If Text1=user And Text2=pass And Text1<>"" And Text2<>"" Then
        login_user=user
        Unload Form1
        Form3.Show
    End If
End Sub
```

本程序中有关 If 语句的使用可参考教材第 4 章，以下不再重复。

本程序允许以已存在用户"abcdef"或新注册用户名及其正确的密码登录系统，全局变量 user 及 pass 用来保存新注册用户的用户名和密码，全局变量 login_user 用来保存当前登录用户的用户名。

"注册"按钮代码如下：

```
Private Sub Command2_Click()
    pre_form=1
    Unload Form1
    Form2.Show
End Sub
```

当由登录窗体（Form1）进入注册窗体（Form2）时，全局变量 pre_form 置为 1。

"退出"按钮代码如下：

```
Private Sub Command3_Click()
    End
End Sub
```

窗体 Load 事件的代码如下：

```
Private Sub Form_Load()
    Text1.Text=""
    Text2.Text=""
End Sub
```

2. 注册窗体Form2 的代码

```
Option Explicit
Private Sub Command1_Click()
    Text1.Text=""
    Text2.Text=""
    Text3.Text=""
End Sub

Private Sub Command2_Click()
    Form1.user=Text1
    Form1.pass=Text2
    Unload Form2
    If Form1.pre_form=1 Then
        Form1.Show
    End If
    If Form1.pre_form=3 Then
        Form3.Show
    End If
End Sub
```

单击窗体上的"提交"按钮（Command2），新注册用户的用户名及密码分别保存在全局变量 user 和 pass 中，并返回前一窗体。

```
Private Sub Command3_Click()
    Unload Form2
    If Form1.pre_form=1 Then
        Form1.Show
    End If
    If Form1.pre_form=3 Then
        Form3.Show
    End If
End Sub
```

单击窗体上的"取消"按钮（Command3），返回前一窗体。

```
Private Sub Form_Load()
```

```
    If Form1.pre_form=3 Then
        Text1.Text=Form1.user
        Text1.Locked=True
    Else
        Text1.Text=""
    End If
    Text2.Text=""
    Text3.Text=""
End Sub
```

　　如果前一窗体为 Form1，则应注册新用户，三个文本框全部清空；如果前一窗体为 Form3，则应修改新注册用户的密码，此时，Text1 显示新注册用户的用户名，输入密码和重输密码的文本框（Text2 和 Text3）清空。

　　3. 系统功能窗体（Form3）的代码

```
Option Explicit
Private Sub Form_Load()
    Label1.Caption=Form1.login_user+", "+Label1.Caption+Space(40) & Date
End Sub
```

设置对登录用户的问候信息。

```
Private Sub Label4_Click()
    If Form1.login_user<>"abcdef" Then
        Form1.pre_form=3
        Unload Form3
        Form2.Show
    End If
End Sub
```

只能修改新注册用户的密码，不能修改已存在用户"abcdef"的密码。

```
Private Sub Label5_Click()
    Unload Form3
    Form1.Show
End Sub

Private Sub Label6_Click()
    End
End Sub
```

四、实验分析及知识拓展

　　本实验主要让学生掌握变量的声明及使用，特别是全局变量在程序中的作用。当需要保存用户输入的数据或运算结果或记录程序执行的状态等时，都可以使用变量。如果这些值需要在不同的窗体模块中使用（如：在一个窗体模块中赋值，在另外的窗体模块中使用），则应将其声明为全局变量。

五、拓展作业

1. 拓展作业任务

打开光盘上的"实验素材\第 3 章\拓展作业二\登录注册.vbp",运行程序,了解实验任务。在实验二的基础上,增加登录失败次数限制功能。如果登录时连续 3 次失败,则自动终止程序。

2. 本作业用到的主要操作提示

(1)登录失败是指登录时输入的用户名(text1)/密码(text2)组合与已有用户("abcdef"/"123456")及新注册用户(user/pass)均不吻合,此逻辑判断表达式可以如下表示:

(text1<>"abcdef" or text2<>"123456")and(text1<>user or text2<>pass)or text1="" or text2=""

(2)为了书写方便,我们设置局部逻辑型变量 olduser 和 newuser(初始值为 False),用来判断是已有用户还是新注册用户成功登录。如果所输入的用户名/密码与某一用户吻合,则将相应变量置为 True。

(3)设置静态变量 x(初始值为 0)记录失败次数,当 i 大于等于 3 时,终止程序。

综合练习

一、单项选择题

1. 下列符号是合法的变量名的是＿＿＿＿。

    A.VB_5　　　　　　B. Dim　　　　　　C. 99ji　　　　　　D. X\Y

2. 下列关于关键字的说法正确的是＿＿＿＿。

    A. 关键字又称保留字,它没有固定的含义,可以任意使用

    B. 程序员在代码窗口中输入的关键字必须是大写

    C. Private、public、dim、age 等都是关键字

    D. 在 VB 中,约定关键字的首字母为大写

3. VB 中不存在下列＿＿＿＿数据类型。

    A. 数值型　　　　B. 字符型　　　　C. 日期型　　　　D. 指针型

4. 在 VB6.0 中,12345&的数据类型是＿＿＿＿。

    A. 整数型　　　　B. 长整型　　　　C. 字符常数　　　D. 双精度常数

5. VB 中的数值可以用十六进制或八进制表示,十六进制数的标识符是&H,八进制数的标识符号是＿＿＿＿。

    A. $O　　　　　　B. &O　　　　　　C. $E　　　　　　D. &E

6. 以下选项中,＿＿＿＿不是常量的表示形式。

    A. 234.8　　　　　B. "ABC"　　　　　C. True　　　　　D. ABC

7. 以下选项不属于变量声明符的是＿＿＿＿。

    A. Dim　　　　　　B. Private　　　　　C. Const　　　　　D. Public

8. 将变量声明为工程级变量,应使用声明符＿＿＿＿。

    A. Dim　　　　　　B. Private　　　　　C. Static　　　　　D. Public

9. VB 表达式 10^{-2} 的值是＿＿＿＿。

    A. -100　　　　　　B. 0.01　　　　　　C. 100　　　　　　D. -0.01

10. 假设 A=3，B=7，C=2，则表达式 NOT（B<C）AND C>A 的值是_____。

    A. True　　　　　　B. False　　　　　C. 表达式错误　　D. 不确定

11. 不能在模块"通用"、"声明"中使用的声明符为_____。

    A. Dim　　　　　　B. Public　　　　　C. Private　　　　D. Static

12. 假定 Bln1 是逻辑型变量，下列赋值语句中正确的是_____。

    A. Bln1='True'　　B. Bln1=.True.　　C. Bln1=#True#　D. Bln1=3<4

13. 逻辑运算符 And、Or 和 Not 的优先顺序从高到低是_____。

    A. Or-And-Not　　B. And-Not-Or　　C. Not-And-Or　D. Not-Or-And

14. 将变量声明为过程级变量，可选择的声明符是_____。

    A. Private　　　　B. Dim　　　　　　C. Static　　　　D. Dim 或 Static

15. 设 a 为整型变量，不能正确表达数学关系 6<a<15 的 VB6.0 表达式是_____。

    A. 6<a<15　　　　　　　　　　　B. Not（a<=6）And a<15

    C. a>6 And a<15　　　　　　　　D. a>6 And Not（a>=15）

16. 若 X=5、Y=6，则表达式 X+Y=11 的值是_____。

    A. X+Y=11　　　　B. 11　　　　　　C. True　　　　　D. False

17. 执行下列语句后，E、F、G 的值分别是_____。

    E=5:F=4:G=3

    E=F:F=G:G=E

    A. 3 4 5　　　　　B. 4 3 4　　　　　C. 4 5 4　　　　　D. 4 5 5

二、判断题（正确为**True**，错误为**False**）

1. 标识符不能与系统已有的属性和方法同名。　　　　　　　　　　　　（　　）

2. Abc、str1、m、date 都是合法的标识符。　　　　　　　　　　　　（　　）

3. 数值型数据可以分为整型、实型、货币型，其中整型又包括 Integer、Long 和 Byte 三种。　　　　　　　　　　　　　　　　　　　　　　　　　　　　　　　　（　　）

4. 字节型（Byte）占一个字节的存储空间，是无符号整数。　　　　　　（　　）

5. 字符型常量必须用一对西文双引号括起，在输出时也显示双引号。　　（　　）

6. 字符串只能定义为定长字符串。　　　　　　　　　　　　　　　　　　（　　）

7. 当数值型数据转换为逻辑型时，非 0 值转换为 False，0 转换为 True。（　　）

8. 以下代码的执行结果为在窗体上显示 23。　　　　　　　　　　　　　（　　）

Private sub Form_Load（）

    Const age=22

    age=age+1

    Print age

End Sub

9. 2001-12-3 和#2008-9-11#都是正确的日期常量的表达形式。　　　　（　　）

10. 用声明符 Dim 在模块"通用"、"声明"中声明的变量在整个工程中有效。（　　）

11. 过程级变量的作用范围最小，它只在本过程中有效。　　　　　　　　（　　）

12. 用 Dim 或 Static 都可以定义过程级变量，二者没有区别。　　　　　（　　）

13. 在 VB 中，不允许变量不声明就使用。　　　　　　　　　　　　　　（　　）

14. VB 运算符的优先级从高到低依次为:括号→算数运算符→关系运算符→逻辑运算符。

15. 字符串运算符有两个，即"+"和"&"，二者无区别。　　　　（　　）

16. 表示条件"变量X为能被5整除的偶数"的关系表达式是：X Mod 5=0 And X Mod 2=0。
　　　　　　　　　　　　　　　　　　　　　　　　　　　　（　　）

17. 一元二次方程 $ax^2+bx+c=0$ 有实根的条件是 $a\neq0$，并且 $b^2-4ac\geq0$，表示该条件的关系表达式是：a<>0 And b^2-4*a*c>=0。　　　　（　　）

18. Print 25\3 Mod 3*2　结果是 4。　　　　　　　　　　（　　）

三、基本操作题

1. 在名称为 Form1 的窗体上画一个名称为 Text1 的文本框，其高、宽分别为 400、2000。请在属性窗口中设置适当的属性满足以下要求，运行后的窗体如图 3-2 所示。

（1）Text1 的字体为楷体，字号为四号，文本框的背景色为&H00FFFF00&，文字颜色为&H000000FF&；

（2）窗体的标题为"输入"。

注意：不编写任何代码，存盘时工程文件名为 vbsj2-1.vbp，窗体文件名为 vbsj2-1.frm。

图 3-2　基本操作题 1 界面

2. 在名称为 Form1 的窗体上画一个文本框，名称为 Text1，然后通过属性窗口设置窗体和文本框的属性，实现如下功能，完成设置后的窗体如图 3-3 所示。

（1）在文本框中可以显示多行文本；

（2）在文本框中显示垂直滚动条；

（3）文本框中显示的初始信息为"程序设计"；

（4）文本框中显示的字体为三号，黑体；

（5）窗体的标题为"设置文本框属性"；

注意：不添加任何代码，存盘时工程文件名为 vbsj2-2.vbp，窗体文件名为 vbsj2-2.frm。

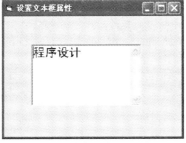

图 3-3　基本操作题 2 界面

第4章 程序设计基础

实验一 数字程序

一、实验目的及实验任务

1. 实验目的

(1)掌握选择结构程序设计中，If 语句的使用；

(2)掌握循环结构程序设计中，While 等语句的使用。

2. 实验任务

运行光盘上的"实验结果\第 4 章\实验一\数字.exe"，了解实验任务。该程序要求在文本框中输入一个整数，并计算：

(1)该整数的各位数字之和；

(2)如果该整数是一个三位数，则调整数字位置，得到一个尽可能大的三位整数。

二、实验操作过程

1. 窗体设计

本实验的窗体界面如图 4-1 所示。

图 4-1 实验一窗体界面

2. 属性设置

各控件的 Name 属性保持默认值，Caption 或 Text 属性的设置见表 4-1。

表 4-1 控件属性设置

Name	Caption	Text
Label1	请输入一个三位整数：	
Label2	(空)	
Label3	(空)	
Command1	计 算	
Text1		(空)

3. 代码编写

```
Private Sub Command1_Click()
    Dim n As Integer, s As Integer
    Dim a As Integer, b As Integer, c As Integer
    Dim t As Integer
    n=Text1
    Do While n>0
        s=s+n Mod 10
        n=n\10
    Loop
    Label2="各位数字之和是： " & s
    If Len(Trim(Text1))=3 Then
        n=Text1
        a=n\100
        b=n\10 Mod 10
        c=n Mod 10
        If a<b Then t=a: a=b: b=t
        If a<c Then t=a: a=c: c=t
        If b<c Then t=b: b=c: c=t
        Label3="最大三位数是： " & a & b & c
    End If
End Sub

Private Sub Text1_GotFocus()
    Text1=""
    Label2=""
    Label3=""
End Sub
```

三、实验分析及知识拓展

本实验主要让学生掌握选择结构及循环结构程序设计，求一个整数的各位数字之和使用循环结构；求三位数字组成的最大整数，本实验采用了将三位数字从小到大排序并依次输出的方法，使用选择结构。当要输入下一个数据时，在 Text1_GotFocus() 事件过程中，将文本框及输出结果的标签都清空。

若本实验中的文本框是用来输入整数的，则只允许输入数字字符，不能输入其他符号。这一功能可以编写 Text1 的 KeyPress() 事件过程来实现，KeyPress(KeyAscii As Integer) 事件过程中的 KeyAscii 参数可以返回输入字符的 ASCII 码值。通过 KeyAscii 的值，可以判断输入的是哪个字符，本部分功能可通过本实验的拓展作业来实现。

四、拓展作业

1. 拓展作业任务

本次拓展作业是在上述实验的基础上，对文本框中输入的字符进行检测，只接收数字按键和删除键（BackSpace）。

2. 本作业用到的主要操作提示

（1）KeyPress（KeyAscii as Integer）事件过程的参数 KeyAscii 的值是按键字符的 ASCII 码，要得到某字符的 ASCII 码可以使用函数 ASC（）（参考教材第 5 章），删除键（BackSpace）的 ASCII 码为 8。

（2）要取消某按键，不予接收，可以将 KeyPress（KeyAscii as Integer）事件过程的参数 KeyAscii 置为 0。

实验二　字符统计

一、实验目的及实验任务

1. 实验目的

（1）学习选择结构程序设计，掌握 Select Case 语句的使用；

（2）初步学习随机函数的使用。

2. 实验任务

打开光盘上的"实验结果\第 4 章\实验二\字符.exe"，运行程序，了解实验任务。单击窗体上的"产生新字符"按钮（Command1）时，将随机产生一可编辑字符（其 ASCII 码在 32 至 126 之间）显示在 Label6 上。再按照大写字母、小写字母、数字字符、其他字符对所产生的字符进行分类，累计统计各种类型的字符个数，显示在 Label1~label4 上，Label5 将显示字符总数。

提示：

（1）使用 Rnd 函数产生[0, 1]之间的随机数。注意，为了防止两次运行程序的随机数序列相同，调用 Rnd 之前应先用 Randomize 语句进行初始化。

（2）产生某闭区间[m, n]内的随机数的公式为：（n-m+1)*Rnd+m。

二、实验操作过程

1. 窗体设计

根据实验任务，设计窗体的界面如图 4-2 所示。

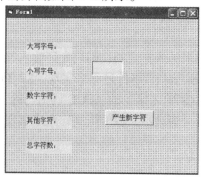

图 4-2　实验二窗体界面

2. 属性设置

各控件的 Name 属性保持默认值，Caption 或 Text 属性的设置见表 4-2。

表 4-1　控件属性设置

Name	Caption
Label1	大写字母：
Label2	小写字母：
Label3	数字字符：
Label4	其他字符：
Label5	总字符数：
Label6	（空）
Command1	产生新字符

3. 代码编写

```
Option Explicit
Private Sub Command1_Click()
    Dim x As Integer
    Static total As Integer
    Static upper As Integer, lower As Integer, digit As Integer, other As Integer
    Randomize
    x=Int((126-32)*Rnd+1)+32
    total=total+1
    Label6=Chr(x)
    Select Case x
        Case 65 To 90
            upper=upper+1
        Case 97 To 122
            lower=lower+1
        Case 48 To 57
            digit=digit+1
        Case Else
            other=other+1
    End Select
    Label1="大写字母： " & upper
    Label2="小写字母： " & lower
    Label3="数字字符： " & digit
    Label4="其他字符： " & other
    Label5="总字符数： " & total
End Sub
```

三、实验分析及知识拓展

（1）本实验随机产生一个编辑字符，使用了随机函数 Rnd 及 Randomize 语句，请参考教材第 5 章。

（2）本实验是按字符的 ASCII 码对其进行分类计数的，如大写字母的 ASCII 码为 65~90。也可以采用如下 Select Case 语句：

```
Select Case chr(x)
    Case "A" To "Z"
        upper=upper+1
    Case "a" To "z"
        lower=lower+1
    Case "0" To "9"
        digit=digit+1
    Case Else
        other=other+1
End Select
```

（3）各字符类型计数器应声明为静态变量。

四、拓展作业

1. 拓展作业任务

双击光盘上的"实验素材\第 4 章\拓展作业二\登录注册.vbp"，运行程序，了解实验任务。本次拓展作业是以第 3 章完成的"登录注册系统"为基础，为其中的注册窗体增加输入信息检测功能：

（1）用户名的长度应为 6~12 个字符；

（2）密码应为 6~12 个字母、数字字符；

（3）两次密码输入必须相同。

当输入的信息不正确时，应给出相应的提示信息。

2. 拓展作业所需素材

本拓展作业所需素材文件在光盘中的位置：实验素材\第 4 章\拓展作业二\登录注册.vbp。

3. 本作业用到的主要操作提示

（1）测试字符串长度，使用函数 Len()。

（2）测试密码的合法性，需要逐个字符进行判断，看其是否为大小写英文字母或数字，这要用到取子串函数 Mid()。

上述函数的使用可参考教材第 5 章。

实验三　记事本——文件操作

一、实验目的及实验任务

1. 实验目的

（1）掌握通用对话框控件的使用；

（2）熟练掌握选择结构、循环结构程序设计，MsgBox（）函数的使用；

（3）掌握顺序文件的基本操作。

2. 实验任务

打开光盘上"实验结果\第 4 章\实验三\记事本.exe"，运行程序，了解实验任务。该程序是在第 2 章中实验三的基础上，实现"文件"菜单中的"打开"、"保存"、"另存为"功能。这几项功能的实现细节可参考 Windows 的"记事本"程序。

二、实验操作过程

1. 界面设计

与第 2 章中实验三的界面相同。

鼠标右键单击工具箱，在弹出的快捷菜单中选择"部件"命令或单击"工程"菜单中的"部件"命令，打开"部件"对话框，选择"Microsoft Common Dialog Controls 6.0"，单击"确定"按钮，将通用对话框控件添加到工具箱中。

将工具箱中的通用对话框控件添加到窗体上，并将通用对话框控件的名称属性设置为 Cd1。

2. 窗体属性设置

与第 2 章中实验三的属性设置相同。

3. 代码编写

"通用-声明"区代码：

```
Option Explicit
Dim selectText As String
Dim fName As String
Dim changeState As Boolean

Private Sub Form_Resize()
    Text1.Height=Form1.ScaleHeight
    Text1.Width=Form1.ScaleWidth
End Sub

Private Sub mnuCopy_Click()
    selectText=Text1.SelText              '用鼠标选中的文本放在 selectText 中
End Sub

Private Sub mnuCut_Click()
    selectText=Text1.SelText
    Text1.SelText=""                      '选中的文本置空
End Sub

Private Sub mnuDel_Click()
    Text1.SelText=""
End Sub
```

```vb
Private Sub mnuExit_Click()
    Dim x As Integer
    Dim ass As String
    If changeState=True Then
        x=MsgBox("文件" & fName & "的文字已经改变。" _
        & Chr(13) & Chr(13) & "想保存文件吗？", 3+48+0, "编辑器")
        Select Case x
            Case 6:
                If fName="" Then
                    Cd1.Filter="文本文件(*.txt)|*.txt|所有文件(*.*)|*.*"
                    Cd1.DefaultExt="txt"              '选*.*时的默认文件保存类型
                    Cd1.FileName="*.txt"
                    Cd1.ShowSave
                    If Cd1.FileName<>"*.txt" Then
                        fName=Cd1.FileName
                        Open fName For Output As #1    'Output 写入文件方式
                        ass=Text1.Text
                        Print #1, ass                  '将 ass 中的内容存入文件中
                        Close #1
                        changeState=False
                    End If
                Else
                    Open fName For Output As #1        'Output 写入文件方式
                    ass=Text1.Text
                    Print #1, ass                      '将 ass 中的内容存入文件中
                    Close #1
                    changeState=False
                End If
                End
            Case 7:
                End
            Case 2:
                Exit Sub
        End Select
    Else
        End
    End If
End Sub

Private Sub mnuOpen_Click()
```

```
    Dim inputdata As String
    Cd1.Filter="文本文件(*.txt)|*.txt|所有文件(*.*)|*.*"
    Cd1.FilterIndex=1
    Cd1.DefaultExt="txt"
    Cd1.FileName="*.txt"
    Cd1.ShowOpen                        '找到要打开的文件
    If Cd1.FileName<>"*.txt" Then
      fName=Cd1.FileName
      Text1.Text=""            '如果将打开的文本内容添加到当前文本之后，则此语句省略
      Open fName For Input As #1     '有关文件操作可参见第十三章，Input 是读入文件
      Do While EOF(1)=False          '没有到文件尾
        Line Input #1, inputdata     '读入一行文本存放在内存变量 inputdata 中
        Text1.Text=Text1.Text+inputdata+Chr(13)+Chr(10)
      Loop
      Close #1
      changeState=False
    End If
End Sub

Private Sub mnuPaste_Click()
    Text1.SelText=selectText         '将复制或剪切的文本插入到当前光标处
End Sub

Private Sub mnuSave_Click()
    Dim ass As String
    If fName="" Then
      Cd1.Filter="文本文件(*.txt)|*.txt|所有文件(*.*)|*.*"
      Cd1.DefaultExt="txt"            '选*.*时的默认文件保存类型
      Cd1.FileName="*.txt"
      Cd1.ShowSave
      If Cd1.FileName<>"*.txt" Then
        fName=Cd1.FileName
        Open fName For Output As #1 'Output 写入文件方式
        ass=Text1.Text
        Print #1, ass                '将 ass 中的内容存入文件中
        Close #1
        changeState=False
      End If
    Else
      Open fName For Output As #1     'Output 写入文件方式
      ass=Text1.Text
```

```
            Print #1, ass                     '将 ass 中的内容存入文件中
            Close #1
            changeState=False
        End If
    End Sub

    Private Sub mnuSaveAs_Click()
        Dim ass As String
        Cd1.Filter="文本文件(*.txt)|*.txt|所有文件(*.*)|*.*"
        Cd1.DefaultExt="txt"                  '选*.*时的默认文件保存类型
        Cd1.FileName="*.txt"
        Cd1.ShowSave
        If Cd1.FileName<>"*.txt" Then
            fName=Cd1.FileName
            Open fName For Output As #1        'Output 写入文件方式
            ass=Text1.Text
            Print #1, ass                     '将 ass 中的内容存入文件中
            Close #1
            changeState=False
        End If
    End Sub

    Private Sub Text1_Change()
        changeState=True
    End Sub
```

三、实验分析及知识拓展

本实验是一个较为综合性的实验，应注意以下几个方面：

(1)对文件的基本操作步骤是：打开→读/写→关闭。把当前文本框的内容写入文件只需要一条 Print 语句，而把已存在文件的内容读到文本框中，则需要用循环来实现，每次只读入一行：

```
Open fName For Input As #1
Do While EOF(1)=False
    Line Input #1, inputdata
    Text1.Text=Text1.Text+inputdata+Chr(13)+Chr(10)
Loop
Close #1
```

(2)设置逻辑型变量 changeState，保存文本框中的内容是否被修改过。

(3)设置字符型变量 fName，保存与当前文本框内容相对应的文件名，如果文本框的内容未被保存过，则 fName 为""(空串)。

(4)菜单项"打开"的功能比较简单，显示"打开"对话框，直接打开指定文件。

（5）菜单项"另存为"的功能也比较简单，显示"另存为"对话框，直接保存为指定文件。

（6）当选择菜单项"保存"时，如果存在一个文件与文本框的内容相对应（即 fName 不为""），则直接保存，没有任何提示；如果文本框的内容未被保存过，则显示"另存为"对话框。

（7）当选择菜单项"退出"时，如果文本框中的内容未被修改过，则直接退出程序。如果文本框中的内容被修改过，则显示 MsgBox 询问用户是否需要保存，用户可选择"是"、"否"、"取消"。如果选择"是"，则执行与选择菜单项"保存"相同的过程；如果选择"否"，则直接退出程序；如果选择"取消"，则返回编辑窗口。

四、拓展作业

1. 拓展作业任务

在上面实验的基础上，本次拓展作业要求在完成"剪切"、"复制"、"粘贴"操作时，不使用模块级变量 selectText，而是使用剪贴板对象 Clipboard。

Clipboard 只有方法，没有属性和事件。常用方法有：

（1）Clear：清空剪贴板。如 Clipboard.Clear。

（2）SetText：将指定文本赋给剪贴板。例如，Clipboard.SetText S 将变量 S 中的文本赋给剪贴板。

（3）GetText：将剪贴板中的文本赋给指定变量或属性。例如，Text1=Clipboard.GetText 将剪贴板中的文本赋给 Text1。

（4）SetData：将指定的图像赋给剪贴板。例如，Clipboard.SetData Picture1 将 Picture1 中的图像赋给剪贴板。

（5）GetData：将剪贴板中的图像放到指定图像对象中。例如，Picture2.Picture=Clipboard.GetData 将剪贴板中的图像放到 Picture2 中。

2. 本作业用到的主要操作提示

（1）剪贴板对象 Clipboard 是 VB 提供的系统对象，要将用户选中的子串保存到剪贴板对象中，可以使用其方法 SetText：

Clipboard.SetText Text1.SelText

（2）要将剪贴板对象保存的内容粘贴到文本框中，可以使用其方法 GetText：

Text1.SelText=Clipboard.GetText

综合练习

一、单项选择题

1. VB 提供了结构化程序设计的三种基本结构，这三种基本结构是＿＿＿＿。

　　A. 递归结构、选择结构、循环结构

　　B. 选择结构、过程结构、顺序结构

　　C. 过程结构、输入、输出结构、转向结构

　　D. 选择结构、循环结构、顺序结构

2. 下面的程序段运行后，显示的结果是＿＿＿＿。

Dim x%

If x Then Print x Else Print x+1

    A. 1   B. 0   C. -1   D. 显示出错信息

3. 关于语句 If x=1 Then y=1，下列说法正确的是_____。

    A. x=1 和 y=1 均为赋值语句

    B. x=1 和 y=1 均为关系表达式

    C. x=1 为关系表达式，y=1 为赋值语句

    D. x=1 为赋值语句，y=1 为关系表达式

4. 以下 Case 语句中错误的是_____。

    A. Case 0 To 10   B. Case Is>10

    C. Case Is>10 And Is<50   D. Case 3, 5, Is>10

5. 设 a=6，则执行 x=IIF(a>5, IIF(a<5, -1, 6), 0)后，x 的值为_____。

    A. 5   B. 6   C. 0   D. -1

6. 下列程序执行后，变量 a 的值为_____。

```
Dim a, b, c, d As Single
a=100: b=20: c=1000
If b<a Then
    d=a: a=b: b=d
End If
If c>a Then
    d=b: b=c: c=d
End If
```

    A. 0   B. 1000   C. 20   D. 100

7. 要强制声明变量，可在窗体模块或标准模块的声明段中加入语句_____。

    A. Option Base 0   B. Option Explicit

    C. Option Base 1   D. Option Compare

8. 在一行内写多条语句时，每条语句之间用_____符号分隔。

    A. ,   B. :   C. 、   D. ;

9. 一条语句要在下一行继续写，用_____符号作为续行符。

    A. +   B. -   C. _   D. &

10. InputBox()函数的返回值的类型为_____。

    A. 数值   B. 字符   C. 逻辑值   D. 日期值

11. MsgBox()函数的返回值的类型为_____。

    A. 整数   B. 字符串   C. 逻辑值   D. 日期值

12. 程序运行后，单击命令按钮，结果为_____。

```
Private Sub Command1_Click()
    N=6
    F=1
    S=0
    For M=N To 1 Step -2
        F=F*M
        S=S+F
```

```
    Next
        Print S
End Sub
```

  A. 78   B. 6   C. 58   D. 10

13. 下面程序段的运行结果为_____。

```
For i=3 To 1 Step −1
    Print Spc(20−i);
    For j=1 To 2*i−1
        Print "*";
    Next j
    Print
Next i
```

A.
```
  *
 ***
*****
```
B.
```
*****
 ***
  *
```
C.
```
  *
 ***
*****
```
D.
```
*****
 ***
  *
```

14. 下列循环能正常结束的是_____。

  A. i=5   B. i=1

    Do   Do

     i=i+1   i=i+2

    Loop Until i<0   Loop Until　i=10

  C. i=10   D. i=6

    Do   Do

     i=i+1   i=i−2

    Loop Until i>0   Loop Until i=1

15. 以下关于 MsgBox() 的叙述错误的是_____。

  A. MsgBox() 函数返回一个整数

  B. 通过 MsgBox() 函数可以设置信息框中图标和按钮的类型

  C. MsgBox() 函数没有返回值

  D. MsgBox() 函数的第二个参数是一个整数，该参数可以确定对话框中显示的按钮数量

16. 下列关于 InputBox() 函数的叙述不正确的是_____。

  A. InputBox() 有返回值

  B. InputBox() 函数可以写成 InputBox$ 的形式

  C. 执行一次 InputBox() 函数时，不可以同时输入多个数值

  D. 执行一次 InputBox() 函数可以输入多个数值

17. 执行下列语句，在对话框中，用户选择"取消"按钮，则_____。

```
Dim b As Integer
b=InputBox("请输入：")
```

  A. 程序出错   B. b 的值为 0

  C. b 的值为 Empty   D. 提示用户继续输入

18. 设有如下语句，从键盘上输入字符"李明"后，Str1 的值是_____。

Strl = InputBox("请输入", "", "姓名")

    A. "请输入"   B. " "   C. "姓名"   D. "李明"

19. 用 InputBox() 函数设计的对话框，其功能是_____。

    A. 只能接收用户输入的数据，但不会返回任何信息

    B. 能接收用户输入的数据，并能带回用户输入的信息

    C. 能用于接收用户输入的信息，不能用于输出任何信息

    D. 专门用于输出信息

20. MsgBox() 函数用来_____。

    A. 提供一个具有简单提示信息的提示框

    B. 往当前工程中添加一个窗体

    C. 提供一个具有简单提示信息的输入框

    D. 删除当前工程中的一个窗体

21. 下列有关注释语句的格式，错误的是_____。

    A. Rem 注释内容   B. '注释内容

    C. a=3:b=2   '对 a、b 赋值   D. "注释内容

22. 下列叙述不正确的是_____。

    A. 注释语句是非执行语句，仅对程序的内容起注释作用，它不被解释和编译

    B. 注释语句可以放在代码中的任何位置

    C. 注释语句不能放在续行符的后面

    D. 代码中加入注释语句的目的是提高程序的可读性

23. 当 VB 执行下列语句后，A 的值为_____。

A=1

If A>0 Then A=A+1

If A>1 Then A=0

    A. 0   B. 1   C. 2   D. 3

24. 设 a=6，则执行 x=IIf(a>5, -1, 0)后，x 的值是_____。

    A. 5   B. 6   C. 0   D. -1

25. 下列程序段的执行结果为_____。

Dim t(10)

For k=2 To 10

    t(k) =11 – k

Next k

x=6

Print t(x)

    A. 2   B. 3   C. 4   D. 5

26. 下列程序段中，循环体执行的次数是_____。

y=2

Do While y<=7

    y= y+2

Loop

A. 2　　　　　　　B. 3　　　　　　　C. 4　　　　　　　D. 5

27. 设有如下程序段，运行后，x 的值是＿＿＿＿。

x=0

For i=1 to 5

　x=x+i

Next

A. 16　　　　　　B. 17　　　　　　C. 18　　　　　　D. 15

28. 退出 For 循环可使用的语句为＿＿＿＿。

A. Exit For　　　　B. Exit Do　　　C. End For　　　　D. End Do

29. 循环结构 For i=x to 12 step 2 共执行了 6 次循环体，循环变量 i 的初值为＿＿＿＿。

A. 0　　　　　　　B. 1　　　　　　　C. 2　　　　　　　D. 1 或 2

30. 假定有以下程序段，则语句 Print i*j 的执行次数是＿＿＿＿。

For i=0 To 2

　For j=0 To 4

　　　Print i*j

　Next j

Next i

A. 15　　　　　　B. 16　　　　　　C. 17　　　　　　D. 18

31. 下列关于 Do While…Loop 和 Do…Loop Until 循环执行循环体次数的描述正确的是

＿＿＿＿。

A. Do While…Loop 循环和 Do…Loop Until 循环至少都执行一次

B. Do While…Loop 循环和 Do…Loop Until 循环可能都不执行

C. Do While…Loop 循环至少执行一次，Do…Loop Until 循环可能不执行

D. Do While…Loop 循环可能不执行，Do…Loop Until 循环至少执行一次

二、判断题（正确为**True**，错误为**False**）

1. MsgBox 函数只能将第一个按钮设置为默认选择。　　　　　　　　　（　　）

2. MsgBox 可以单独作为一个语句来使用。　　　　　　　　　　　　　（　　）

3. InputBox 可以单独作为一个语句来使用。　　　　　　　　　　　　（　　）

4. If 语句可以嵌套，而 ElseIf 不能嵌套。　　　　　　　　　　　　　（　　）

5. 单行 If 语句没有 End If。　　　　　　　　　　　　　　　　　　　（　　）

6. 嵌套的 For 语句中，循环变量可以重名。　　　　　　　　　　　　（　　）

7. For 语句中，初值、终值、步长均为数值表达式，可以不是整数。　　（　　）

三、操作题

1. 定义：一个数如果正好等于它的因子之和，这个数就称为完数。

例如，6 的因子为 1、2、3，而 6=1+2+3，因此 6 是"完数"。试编程求出小于 10000 的
所有完数。

2. 小猴子有若干桃子，第一天吃掉一半多一个；第二天吃掉剩下的一半多一个……如此，
到第 n 天早上要吃时，只剩下一个桃子。问小猴子一开始共有多少桃子？

第 5 章　常用内部函数

实验一　函数计算器

一、实验目的及实验任务

1. 实验目的

设计一个简单的函数计算器，熟悉三角函数、随机函数、时间函数和日期函数等常用函数的使用方法及规则。通过本实验，让学生弄清楚调用各种函数时应给予正确的参数，特别是要注意各参数类型和函数的返回值类型，提高学生使用 VB 提供的多种数学函数解决实际问题的能力。

2. 实验任务

双击光盘上的"实验结果\第 5 章\实验一\函数计算器.exe"，运行程序，了解实验任务，设计简单的计算器程序。

二、实验操作过程

启动 VB，在弹出的"新建工程"对话框中，选择创建工程类型为"标准 EXE"，单击"打开"按钮，进入集成开发环境，如图 5-1 所示。

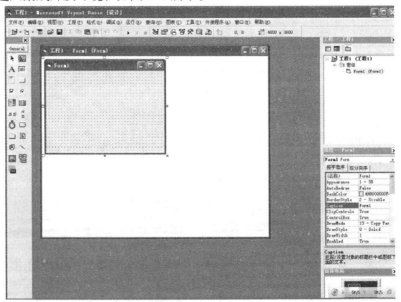

图 5-1　"新建工程"对话框

1. 界面设计

1)窗体设计

设置窗体的 Caption 属性的值为"函数计算器"，名称默认为 Form1。

2)输入界面设计

如图 5-2 所示,Int、Round、Sqr 函数以文本框中的数据作为函数的参数,单击相应的命令按钮在文本框中显示其函数值;单击"Rnd"按钮,将把文本框中的内容转换为数值,作为"随机数种子",并用 Rnd 函数产生一随机数显示在文本框中;单击"Time"按钮,显示系统时间;单击"Date"按钮,显示系统日期。设计界面如图 5-2 所示。

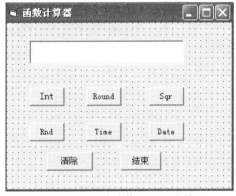

图 5-2 "函数计算器"设计界面

根据题意,在窗体中建立一个文本框和六个命令按钮,各控件的属性见表 5-1。

表 5-1 控件属性

控　件	属　性　名	属　性　值
Text1	Text	空
	Name	Text1
	Fontsize	14
Command1	Caption	Int
	Name	cmdint
Command2	Caption	Round
	Name	cmdround
Command3	Caption	Sqr
	Name	cmdsqr
Command4	Caption	Rnd
	Name	cmdrnd
Command5	Caption	Time
	Name	cmdtime
Command6	Caption	Date
	Name	cmddate
Command7	Caption	清除
	Name	cmdclear
Command8	Caption	退出
	Name	cmdend

2. 代码编写

在代码窗口中，编写如下事件过程：

```
Private Sub cmdint_Click()              '返回不大于文本框内值的最大整数值
    Text1.Text=Int(Val(Text1.Text))
End Sub

Private Sub cmdround_Click()            '返回四舍五入整数值
    Text1.Text=Round(Val(Text1.Text))
End Sub

Private Sub cmdsqr_Click()              '计算平方根
    Dim n As Byte
    If Val(Text1.Text)>=0 Then
        Text1.Text=Sqr(Val(Text1.Text))
    Else
        n=MsgBox("开平方的参数为负数，请重新输入")
    End If
End Sub

Private Sub cmdrnd_Click()              '产生随机数
    Dim rndx As Single
    rndx=Val(Text1.Text)                '将此数作为随机种子,以期此后调用 rnd 所返回函数
                                        '值的随机性更好
    Randomize rndx
    Text1.Text=Str(Rnd)
End Sub

Private Sub cmdtime_Click()             '显示系统时间
    Text1.Text="现在是" & Time
End Sub

Private Sub cmddate_Click()             '显示系统日期
    Dim s As String, m As Integer
    s=Right(Date, Len(Date)-5)
    m=InStr(s, "-")
    Text1.Text="现在是"+Left(Date, 4)+"年"+Left(s, m-1)+"月"+Mid(s, m+1, Len(s)-m)+"日"
End Sub

Private Sub cmdclear_Click()
    Text1.Text=""
End Sub

Private Sub Command2_Click()
```

```
    End
End Sub
```

三、实验分析及知识拓展

本实验主要让学生根据所学知识，综合应用文本框、命令按钮操作，解决一个实际问题。实验中注意函数的使用问题：

(1)函数的调用不是一个独立的语句，只能出现在表达式中，目的是求得函数值；

(2)要注意函数的定义域和值域，如开平方函数(Sqr)要求参数不小于 0，还有 Exp(23778)的值超出 VB 实数的表示范围会发生数据溢出等。

四、拓展作业

编写程序，输出如图 5-3 所示的图形。

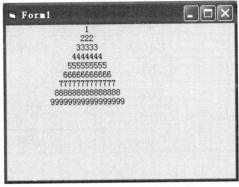

图 5-3　实验一拓展作业示例

实验二　整数的逆序输出

一、实验目的及实验任务

1. 实验目的

通过本实验，设计一个程序，让学生熟悉常用函数的使用方法及规则，提高学生使用 VB 提供的多种数学函数解决实际问题的能力。

2. 实验任务

双击光盘上的"实验结果\第 5 章\实验二\逆序输出.exe"，运行程序，了解实验任务。在第一个文本框中输入四位正整数，单击命令按钮，将四位整数逆序显示在另一文本框中，试编程实现。

二、实验操作过程

启动 VB，在弹出的"新建工程"对话框中，选择创建工程类型为"标准 EXE"，单击"打开"按钮，进入集成开发环境。

1. 界面设计

1)窗体设计

设置窗体的 Caption 属性的值为"逆序输出"，名称默认为 Form1。

2)输入界面设计

根据题意，在窗体中建立两个标签框、两个文本框和两个命令按钮，如图 5-4 所示。

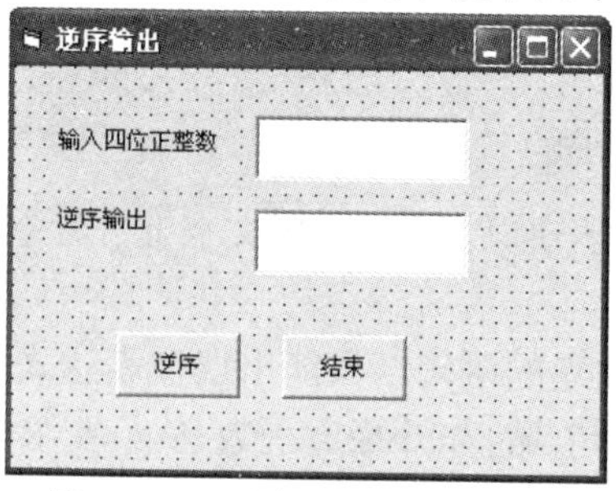

图 5-4　　"逆序输出"设计界面

其中各控件的属性见表 5-2。

表 5-2　控件属性

控　件	属 性 名	属 性 值
Label1	Caption	输入四位正整数
Label2	Caption	逆序输出
Text1	Text	空
Text2	Text	空
Command1	Caption	逆序
Command2	Caption	结束

2. 代码编写

对象事件代码：

```
Private Sub Command1_Click()        '单击"逆序"命令按钮的事件
    Dim x As Integer, s As String, f As Boolean
    Dim a As Integer, b As Integer, c As Integer, d As Integer
    s=Text1.Text
    f=False
    x=Val(s)
    If Len(x)>4 Then
        MsgBox "输入的不是四位整数，请重新输入"
        Text1=""
        Text1.SetFocus
    End If
    If x<1000 Or x>9999 Then
        MsgBox "输入的不是四位数，请重新输入"
        Text1=""
        Text1.SetFocus
    Else
        f=True
    End If
```

```
        If f=True Then
            x=Val(s)
            a=Int(x/1000)
            b=Int(x/100-a*10)
            c=Int(x/10-a*100-b*10)
            d=Int(x-a*1000-b*100-c*10)
            Text2.Text=CStr(d) & CStr(c) & CStr(b) & CStr(a)
        End If
End Sub

Private Sub Command2_Click()          '单击"退出"按钮
        End
End Sub
```

逆序输出的方式有很多种，Command1 的 Click 事件也可以使用 Mid 函数，代码如下：

```
Private Sub Command1_Click()
        Dim x As Integer, s As String, f As Boolean
        Dim a As Integer, b As Integer, c As Integer, d As Integer
        s=Text1.Text
        f=False
        x=Val(s)
        If Len(x)>4 Then
            MsgBox "输入的不是四位整数，请重新输入"
            Text1=""
            Text1.SetFocus
        End If
        If x<1000 Or x>9999 Then
            MsgBox "输入的不是四位数，请重新输入"
            Text1=""
            Text1.SetFocus
        Else
            f=True
        End If
        If f=True Then
            Text2.Text=Mid(Text1.Text, 4, 1) & Mid(Text1.Text, 3, 1) & _
            Mid(Text1.Text, 2, 1) & Mid(Text1.Text, 1, 1)
        End If
End Sub
```

三、拓展作业

随机产生一个三位正整数显示在文本框中，然后在另一个文本框中逆序输出。例如，随机产生的数字为 123，输出为 321。界面设计如图 5-5 所示。

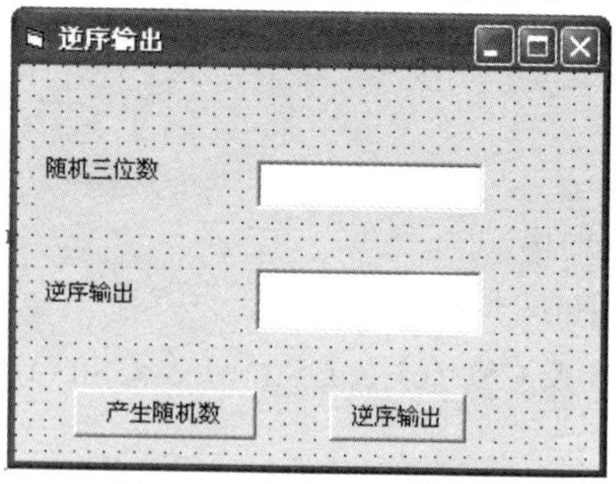

图 5-5　实验二拓展作业

实验三　规范英文文本

一、实验目的及实验任务

1. 实验目的

设计一个程序，对输入的任意一篇英文文章中的大小写字母进行整理。通过本实验，让学生弄清楚函数调用时的参数，注意各参数类型和函数的返回值类型，提高学生使用 VB 提供的多种字符函数解决实际问题的能力。

2. 实验任务

双击光盘上的"实验结果\第 5 章\实验三\英文整理.exe"，运行程序。规则如下：所有句子的开头（句子结束符为"."或"？"或"！"）为大写字母，其他都是小写字母。

二、实验操作过程

启动 VB，在弹出的"新建工程"对话框中，选择创建工程类型为"标准 EXE"，单击"打开"按钮，进入集成开发环境。

1. 界面设计

1）窗体设计

设置窗体的 Caption 属性的值为"英文整理"，名称默认为 Form1。

2）输入界面设计

根据题意，在窗体中建立两个标签框、两个文本框和三个命令按钮，如图 5-6 所示。

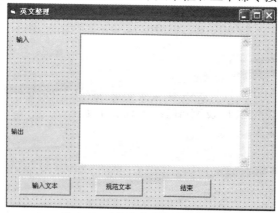

图 5-6　"英文整理"设计界面

其中各控件的属性见表 5-3。

表 5-3 控件属性

控 件	属 性 名	属 性 值
Label1	Caption	输入
Label2	Caption	输出
Text1	Text	空
	MultiLine	True
Text2	Text	空
	MultiLine	True
Command1	Caption	输入文本
Command2	Caption	规范文本
Command3	Caption	结束

2. 代码编写

分析：要实现句首为大写字母，其他都是小写字母，须设置一个变量，存放当前处理的字符的前一个字符，用来判断前一个字符是否为句子结束符。

```
Private Sub Command1_Click()          '输入文本
    Text1.SetFocus
End Sub

Private Sub Command2_Click()          '规范文本
    Dim prec As String*1, j As String, strlen As Integer
    Dim i As Integer
    prec="."
    strlen=Len(Text1.Text)
    For i=1 To strlen
        j=Mid(Text1, i, 1)
        If prec="." Or prec="?" Or prec="!" Then
            j=UCase(j)
        Else
            j=LCase(j)
        End If
        prec=Mid(Text1, i, 1)
        Text2.Text=Text2.Text & j
    Next
End Sub

Private Sub Command3_Click()          '结束
    End
End Sub
```

三、拓展作业

程序的功能是判定一个单词是否是回文，即从左读和从右读都是一样的，如 level，从文本框中输入一个单词，判断结果用标签显示，运行结果如图 5-7 所示。

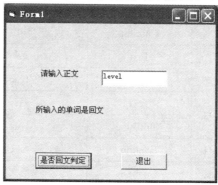

图 5-7　实验三拓展作业图示

综合练习

一、单项选择题

1. 可实现从字符串任意位置截取字符的函数是＿＿＿＿＿。

   A. Instr()   B. Mid()   C. Left()   D. Right()

2. 函数 Int(Rnd*80)+10 是在＿＿＿＿＿范围内的整数。

   A. [10, 90]   B. [11, 90]   C. [10, 89]   D. [11, 89]

3. 数学式子 sin 25° 写成 VB 表达式是＿＿＿＿＿。

   A. sin25   B. Sin(25)

   C. Sin(25*3.14/180)   D. Sin(25°)

4. DateTime 是一个 Date 类型的变量，以下赋值语句中正确的是＿＿＿＿＿。

   A. DateTime="5/14/01"   B. DateTime=September-1, 2001

   C. DateTime=#12:15:00 AM#   D. DateTime=(8/8/99)

5. 执行下列代码，分别输入 12 和 89，输出结果是＿＿＿＿＿。

```
Private Sub Form_Click()
    a=InputBox("D")
    b=InputBox("E")
    Print a+b
End Sub
```

   A. 101   B. DE1289   C. DE   D. 1289

6. 在 VB 中，执行"A=123 B=Str$(A)"语句后，B 的数据类型为＿＿＿＿＿。

   A. 整型数   B. 字节型   C. 实型数   D. 字符型

7. 函数 Left("Hello", 2) 的值为＿＿＿＿＿。

   A. He   B. el   C. lo   D. True

8. 有如下程序语句，运行后，输出结果是＿＿＿＿＿。

Private Sub Command1_Click()

```
    Dim sum As Integer
    sum%=56
    sum=34
    Print sum%; sum
End Sub
```
　　A. 56　34　　　　　　　　B. 34　56　　　　　　　C. 56　56　　　　　　　D. 34　34

9. 有如下程序，程序运行后，窗体显示的结果为＿＿＿＿。

```
Dim x%, y%
Private Sub Command1_Click()
    x=Sqr(2)+Sgn(2)+ Rnd(2)*10
    y=Sqr(3)+Sgn(3)+Rnd(3)*10
    If x>y Then
        Print "x>y"
    ElseIf x=y Then
        Print "x=y"
    Else
        Print "x<y"
    End If
End Sub
```
　　A. x>y　　　　　　　　B. x=y　　　　　　　　C. x<y　　　　　　　D. 不确定

10. 在程序中添加一个命令按钮，并编写如下程序代码，程序运行后，单击命令按钮后的输出结果为＿＿＿＿。

```
Private Sub Command1_Click()
    x="34": y="56"
    z=x+y
    p=Val(z)
    Print p
End Sub
```
　　A. 34　　　　　　　　B. 56　　　　　　　　C. 90　　　　　　　D. 3456

11. Int(Rnd*10) 返回下列＿＿＿＿范围内的整数。

　　A. (1, 9)　　　　　　B. (1, 10)　　　　　　C. (0, 10)　　　　　　D. [0, 9]

12. 以下函数值不返回 4 的是＿＿＿＿。

　　A. Int(3.9)　　　　　　B. Cint(3.5)　　　　　　C. Fix(4.5)　　　　　　D. Round(3.8)

13. 下列表达式可以产生 1 到 6 之间的随机整数(包括 1 和 6)的是＿＿＿＿。

　　A. Int(Rnd*7)　　　　B.Int(Rnd(6)+1)　　　C. Int(Rnd*6)　　　　D. Int(Rnd*6+1)

14. 计算 b 的自然对数使用的 VB 表达式是＿＿＿＿。

　　A. Log(b)　　　　　　B. Lg(b)　　　　　　C. Loge(b)　　　　　　D. Lge(b)

15. m、n 是整数，且 n>m，在下列语句中，能将 x 赋值为一个 m~n(含 m、n)的任意整数，即满足 m<=x<=n 的是＿＿＿＿。

　　A. x=INT(RND*(n−m+1))+m　　　　　　　B. x=INT(RND*n)+m

  C. x=INT(RND*m)+n   D. x=INT(RND*n−m)+m

16. 表达式 Log(1)+ABS(−1)+Int(Rnd(1)) 的值是 _____。

  A. −1   B. 0   C. 1   D. 2

17. 下列表达式中，计算结果为 0 的表达式是 _____。

  A. Int(3.4)+Int(−3.8)   B. Int(3.4)+Fix(−3.8)

  C. Fix(3.4)+Fix(−2.8)   D. Fix(3.4)+Int(−3.8)

18. 表达式 COS(0)+ABS(−1)+INT(RND(1)) 的值是 _____。

  A. 1   B. − 1   C. 0   D. 2

19. 表达式 Left("Visual", 3)+Lcase("AB") 的值是 _____。

  A. visAB   B. VisAB   C. Visab   D. ualab

20. 表达式 Len(Left("abcd", 2)+Right("山东学院", 2)) 的值为 _____。

  A. 2   B. 4   C. 6   D. 8

21. 有如下程序，运行后输出的结果是 _____。

```
Private Sub form_click()
    A$="54321"
    b$="abcde"
    For j=1 To 5
        Print Mid$(b$, j, 1)+Mid$(A$, 6−j, 1);
    Next j
    Print
End Sub
```

  A. a1b2c3d4e5   B. a5b4c3d2e1   C. 5a4b3c2d1e   D. e1d2c3b4a5

22. 下列语句执行后，V 的值是 _____。

```
A$="54321"
V=Val(Mid$(A$, 3, 2))
```

  A. 43   B. 32   C. 432   D. 0

23. 把数值型转换为字符串型需要使用下列 _____ 函数。

  A. Val()   B. Str()   C. Asc()   D. Chr()

24. 把字符转换为相应的 ASCII 码需要使用下列 _____ 函数。

  A. Int()   B. Str()   C. Asc()   D. Chr()

25. 已知字母 A 的 ASCII 码为十进制的 65, 表达式 Asc("A")+Asc("C") 的值是 _____。

  A. 6567   B. 132   C. "AC"   D. AC

26. 能够返回系统日期和时间的函数是 _____。

  A. Year()   B. Now()   C. Time()   D. Date()

27. 把数字字符串转换为数值的函数是 _____。

  A. Val()   B. Str()   C. Asc()   D. Chr()

28. 已知字符串 S="VBasic 程序设计"，则 Instr(3, S, "Bs") 的值为 _____。

  A. 0   B. 2   C. 3   D. 1

29. 用于从字符串右边截取字符串的函数是 _____。

  A. Ltrim()   B. Trim()   C. Instr()   D. Right()

30. 用于获得字符串 S 从第 5 个字符开始的 3 个字符的函数是_____。

　　A. Mid(S, 5, 3)　　　　　　　　　　B. Middle(S, 5, 3)

　　C. Right(S, 5, 3)　　　　　　　　　　D. Left(S, 5, 3)

二、多项选择题

1. 下列函数输出字符型 "4.5" 的是_____。

　　A. Str(Val("4.5E3"))　　　　　　　　B. Str(Val("4.5B3"))

　　C. Str(Val("4.5E"))　　　　　　　　D. Str(Val("4.5"))

2. 以下表达式运行正确的是_____。

　　A. "今天是: "+MonthName(Month(Date))+"份"

　　B. "今天是: "+MonthName(2)+"份"

　　C. "今天是: "+ Month(Date)+"月份"

　　D. "今天是: "& Month(Date) &"月份"

3. 下列返回值为字符型数据的函数有_____。

　　A. Left()　　　　　B. Mid()　　　　　C. Space()　　　　　D. Exp()

4. 以下表达式中，值相同的有_____。

　　A. Mid("12345", 3)+"23"　　　　　　B. Mid("12345", 3, 3)+"23"

　　C. Right("12345", 3)+"23"　　　　　　D. Left("12345", 3)+"23"

5. 以下函数中，返回值为 4 的有_____。

　　A. Int(3.4+0.5)　　B. CInt(3.5)　　　C. fix(4.9)　　　D. Round(3.8)

三、判断题(正确为**True**，错误为**False**)

1. 平方根函数 Sqr 返回实数参数 x 的平方根，x 必须大于 0。　　　　　　( )

2. VarType 函数可以用来检测可变型(Variant)变量中保存的是何种数据类型。　( )

3. Shell 函数可以调用(执行)磁盘上已保存的扩展名为.com、.exe、.bat 的命令文件。( )

4. 随机语句中的可选参数 x 是 Variant 类型或者有效的数值表达式，当缺省参数时，以系统计时器返回的值作为新的 "种子"。　　　　　　　　　　　　　　　( )

5. 运行以下程序，输出结果是 100 个相同的小数。　　　　　　　　　　( )

For i=1 to 100

　　Print Rnd(-5)

Next i

6. Year()函数用于返回当前系统时间的年份值。　　　　　　　　　　　( )

7. 函数 Val(S)，在 S 中只要遇到第一个非数字字符就视为 0。　　　　　( )

8. Shell 函数可以调用(执行)磁盘上保存的各种文件。　　　　　　　　( )

9. Randomize 语句可以用在 Rnd 函数之前，也可以用在 Rnd 函数之后。　( )

10. Rnd(N) 函数的参数 N 是可选项，一般使用时不选。　　　　　　　( )

11. Rnd(N)函数的参数不管取何值，产生的都是一系列不相同的随机数。　( )

12. VB6.0 中，一个英文字母看作一个字符，一个汉字看作两个字符。　　( )

13. ANSI 编码方案中，西文字符用 ASCII 编码，每个英文字符占一个字节，每个汉字占两个字节。VB6.0 使用 Unicode 编码方案，一个英文或汉字字符均占两个字节存储空间。

　　　　　　　　　　　　　　　　　　　　　　　　　　　　　　( )

14. 随机函数 Rnd 的函数值为[0, 1]区间的双精度型小数。　　　　　　( )

15. Int(N) 函数的作用是返回大于 N 的最小整数。 　　　　　　　　　（　　）

四、填空题

1. VB 语言提供了大量的内部函数以方便程序开发人员编写程序，大体上可以分为转换函数、＿＿＿＿＿＿函数、＿＿＿＿＿＿函数、＿＿＿＿＿＿函数和随机函数等五类。

2. 在 VB 的转换函数中，将数值转换为字符串的函数是＿＿＿＿＿＿；将数字字符串转换为数值的函数是＿＿＿＿＿＿；将字符转换为相应的 ASCII 码的函数是＿＿＿＿＿＿。

3. 数学式子 Sin30° 写成 VB 表达式是＿＿＿＿＿＿＿＿＿＿＿＿＿＿＿＿＿＿＿。

4. 函数 Int(Abs(99-100)/2) 的值为＿＿＿＿＿＿。

5. VB 中，Mid("A2B4", 2, 1) 的值是＿＿＿＿＿＿。

6. 表达式 LenB("程序设计 12-1") 的值是＿＿＿＿＿＿。

7. 用于获得字符串 x 最右边 5 个字符的函数是＿＿＿＿＿＿。

8. 在程序中添加一个命令按钮，并编写如下程序代码：

```
Private Sub Command1_Click()
    a1="123"
    a2="123a"
    a3="12a3"
    a4="a123"
    Print Val(a1); Val(a2); Val(a3); Val(a4)
End Sub
```

程序的运行结果为＿＿＿＿＿＿。

9. 用于获得字符串 S 从第 6 个字符开始的 4 个字符的函数是＿＿＿＿＿＿。

10. 随机产生三位正整数显示在文本框中，然后在另一个文本框中逆序输出。完成程序。

```
Private Sub Command1_Click()        '"产生随机数"按钮
    Randomize
    Text1.Text=＿＿＿＿＿＿＿＿
End Sub
Private Sub Command2_Click()        '"逆序输出"按钮
    Text2.Text=＿＿＿＿＿＿＿＿
End Sub
```

五、操作题

1. 求 Sn=n+nn+nnn+nnnn+…+nnnnnn…n(a 个 n) 的和，其中，a 和 n 分别是由随机函数产生的 1～9 之间的正整数，现假设 n=5，a=3，则 Sn=5+55+555，求 Sn，结果显示参照图 5-8。

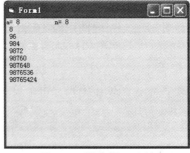

图 5-8　操作题 1 示例

2. 用 Shell 函数调用"写字板"程序，界面设计如图 5-9 所示。

图 5-9　操作题 2 示例

3. 设计图 5-10 所示的界面。程序的功能是根据文本框(名称为 txtInput)中输入的内容，当单击"统计个数"命令按钮时，分别统计数字、大写字母、小写字母的个数，并将统计结果分别显示在文本框控件数组(名称为 txtNumber)中。

图 5-10　操作题 3 示例

第6章 数 组

实验一 杨辉三角函数的输出

一、实验目的及实验任务

1. 实验目的

通过设计杨辉三角的输出程序，熟悉数组应先声明后使用，掌握数组元素的应用，注意数组上下界的定义及数组下标的越界错误，提高学生使用 VB 提供的一维数组、二维数组解决实际问题的能力。

2. 实验任务

打开光盘上的"实验结果\第6章\实验一\杨辉三角.vbp"，运行程序，了解实验任务：当在文本框中输入数字，单击"显示"按钮后，即可显示杨辉三角。试利用二维数组方法实现杨辉三角函数的输出。

二、实验操作过程

启动 VB，在弹出的"新建工程"对话框中，选择创建工程类型为"标准 EXE"，单击"打开"按钮，进入集成开发环境。

1. 界面设计

1）窗体设计

设置窗体的 Caption 属性的值为"杨辉三角"，名称默认为 Form1。

2）输入界面设计

在窗体中建立一个文本框和一个命令按钮，其属性设置见表 6-1。

表 6-1 属性设置

控 件	属 性 名	属 性 值
文本框	Text	""
	Name	Text1
命令按钮	Name	Command1
	Caption	显示

界面设计如图 6-1 所示，当在文本框中输入数字并按下回车键后，即可显示杨辉三角函数。

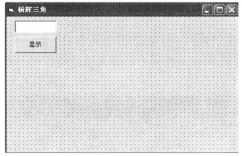

图 6-1 "杨辉三角"界面

2. 代码编写

Command1 事件过程如下:

```
Private Sub Command1_Click()
    Dim a As Integer, b() As Integer, i As Integer, j As Integer
    Cls
    a=Val(Text1.Text)
    ReDim b(a, a)
    For i=1 To a
        Print Space(40-i*4);
        For j=1 To a
            If j>i Then
                b(i, j)=0
            Else
                If i=j Then b(i, j)=1 Else b(i, j)=b(i-1, j)+b(i-1, j-1)
            End If
            If b(i, j)=0 Then Exit For Else Print Space(7-Len(Str(b(i, j)))); b(i, j);
        Next j
        Print
    Next i
End Sub
```

运行结果如图 6-2 所示。

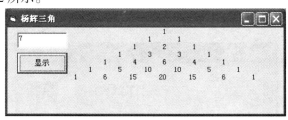

表 6-2 杨辉三角运行结果

三、实验分析及知识拓展

从杨辉三角的格式可知,对角线和每行的第 1 列均为 1,其余各项是其上一行中同一列元素和其前面一个元素的和。例如,第 4 行第 3 列的值为 3,它是第 3 行第 2 列与第 3 行第 3 列元素值之和,可以表示为 a(i, j)=a(i-1, j-1)+a(i-1, j),其中 i 和 j 分别表示第 i 行和第 j 列。

四、拓展作业

完成程序:利用 Array 函数建立一个含有 10 个元素(19, 17, 15, 13, 11, 9, 7, 5, 3, 1)的数组,并将输入的一个数插入到递减的有序数列中,插入后使该序列仍有序。如:若插入 14, 则结果如图 6-3 所示。

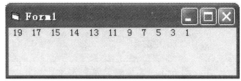

19 17 15 14 13 11 9 7 5 3 1

图 6-3　插入 14 后的结果

实验二　矩阵生成及运算

一、实验目的及实验任务

1. 实验目的

利用随机函数生成矩阵, 让学生熟悉 VB 中函数与数组的综合应用, 掌握数组元素和记录元素的引用、赋值, 提高学生使用数组解决实际问题的能力。

2. 实验任务

打开光盘上的"实验结果\第 6 章\实验二\矩阵生成.vbp", 运行程序, 了解实验任务: 利用随机函数产生 10~20 的随机整数, 形成一个 5*5 阶矩阵的元素, 并把该矩阵存放到一个二维数组中, 且在一个文本框中显示出来。求出该矩阵主对角线元素之和、次对角线元素之和、上三角元素之和。试实现该实验任务。

二、实验操作过程

启动 VB, 在弹出的"新建工程"对话框中, 选择创建工程类型为"标准 EXE", 单击"打开"按钮, 进入集成开发环境。

1. 界面设计

1)窗体设计

设置窗体的 Caption 属性的值为"矩阵生成", 名称默认为 Form1。

2)输入界面设计

根据题意, 在窗体中建立四个文本框、三个标签和三个命令按钮, 如图 6-4 所示。各控件的属性设置见表 6-2。

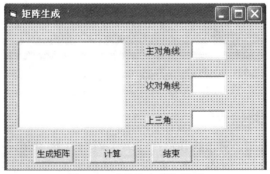

图 6-4　"矩阵生成"界面

表 6-2 属性设置

控 件	属 性 名	属 性 值
Text1	Text	""
	MultiLine	True
Text2	Text	""
Text3	Text	""
Text4	Text	""
Command1	Caption	生成矩阵
Command2	Caption	计算
Command3	Caption	结束
Label1	Caption	主对角线
Label2	Caption	次对角线
Label3	Caption	上三角

2. 代码编写

```
Option Explicit
Dim a(1 To 5, 1 To 5) As Integer          '通用-声明

Private Sub Command1_Click()              '随机函数产生 10~20 间随机整数，形成 5*5 矩阵
    Dim i As Integer, j As Integer, s$(1 To 5)
    Randomize
    For i=1 To 5
        s(i)=""
        For j=1 To 5
            a(i, j)=Int(Rnd*10+10)        '随机产生 10~20 的整数值作为数组元素
            s(i)=s(i) & Space(1) & Str(a(i, j))
        Next j
        s(i)=s(i) & Chr(13) & Chr(10)  '文本框内容的换行操作
    Next i
    Text1.Text=s(1) & s(2) & s(3) & s(4) & s(5)      '显示在文本框中
End Sub

Private Sub Command2_Click()              '计算按钮
    Dim i As Integer, j As Integer, s1 As Integer, s2 As Integer
    s1=0
    s2=0                          '累加变量赋初值
    For i=1 To 5
        s1=s1+a(i, i)            '计算主对角线之和
        s2=s2+a(i, 6-i)          '计算次对角线之和
    Next i
```

```
    Text2.Text=Str(s1)
    Text3.Text=Str(s2)              '文本框显示
    s1=0
    For i=1 To 5                    '计算上三角元素之和，其特点是元素的列号大于行号值
      For j=i+1 To 5
        s1=s1+a(i, j)
      Next j
    Next i
    Text4.Text=Str(s1)
End Sub

Private Sub Command3_Click()
    End
End Sub
```

运行程序，单击"生成矩阵"，再单击"计算"，结果如图 6-5 所示。

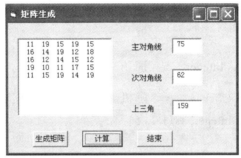

图 6-5　矩阵生成运行结果

三、实验分析及知识拓展

Rnd 只能产生[0, 1)区间的小数，可以通过表达式生成某个范围内的随机整数。若要产生[n, m]之间的整数，可以使用公式 Int(Rnd*(m−n+1))+n 或 Int(Rnd*(m−n+1)+n) 求得。Randomize 随机语句用在随机函数之前，以系统计时器返回的值作为新的"种子"。

四、拓展作业

随机产生一个元素值在 100 以内的 6*6 矩阵，将其中的最小值求出来，并显示其所在的行号和列号。示例如图 6-6 所示。

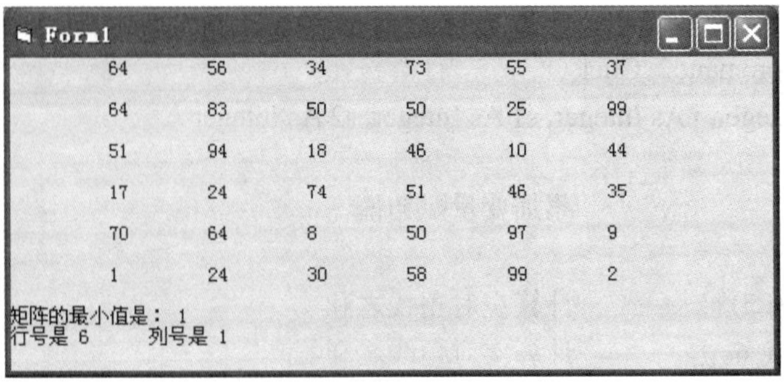

图 6-6　作业例图

实验三 职工查询

一、实验目的及实验任务

1. 实验目的

熟悉 VB 中函数与数组的综合应用，掌握数组元素和记录元素的引用、赋值。

2. 实验任务

打开光盘上的"实验结果\第 6 章\实验三\职工查询.vbp"，运行程序，了解实验内容：输入若干个职工的姓名、年龄和工资，并将其存放到一维记录数组中，然后输入一个职工的姓名，查询并输出该职工的年龄和工资。根据提供的实验素材，实现该实验任务。

二、实验操作过程

启动 VB，在弹出的"新建工程"对话框中，选择创建工程类型为"标准 EXE"，单击"打开"按钮，进入集成开发环境。

1. 界面设计

1）窗体设计

设置窗体的 Caption 属性的值为"职工查询"，名称默认为 Form1。

2）输入界面设计

根据题意，在窗体中设置四个标签控件、四个文本框控件和三个命令按钮，如图 6-7 所示。其属性设置见表 6-3。

图 6-7 职工查询界面

表 6-3 属性设置

控 件	属 性 名	属 性 值
Label1	Caption	姓名
Label2	Caption	年龄
Label3	Caption	工资
Label4	Caption	查询职工姓名
Text1	Text	""
Text2	Text	""
Text3	Text	""
Text4	Text	""

续表 6-3

控 件	属 性 名	属 性 值
Command1	Caption	请输入职工人数
Command2	Caption	下一个
Command3	Caption	查询并显示

2. 代码编写

编写"通用"程序代码：

```
Option Explicit
Private Type stu
    name As String*10
    age As Integer
    wage As Single
End Type
Dim s() As stu, n%, i%

Private Sub Command1_Click()          '编写"请输入职工人数"命令按钮单击事件程序
    n=InputBox("请输入职工人数")
    ReDim s(n)
    Command2.Enabled=True
    i=0
    Text1.Text=""
    Text2.Text=""
    Text3.Text=""
    Text1.SetFocus
End Sub

Private Sub Command2_Click()          '编写"下一个"命令按钮单击事件程序
    i=i+1
    s(i).name=Text1.Text
    s(i).age=Val(Text2.Text)
    s(i).wage=Val(Text3.Text)
    Text1.Text=""
    Text2.Text=""
    Text3.Text=""
    Text1.SetFocus
    If i=n Then
        Command2.Enabled=False
        MsgBox n & "个职工信息已全部输入完成！"
    End If
```

End Sub

Private Sub Command3_Click()　　　　　　'编写"查询并显示"命令按钮单击事件程序
　　Dim fname As String*10, k%, t As Boolean
　　fname=Text4.Text
　　t=False
　　For k=1 To n
　　　　If s(k).name=fname Then
　　　　　　t=True
　　　　　　Text1.Text=s(k).name
　　　　　　Text2.Text=s(k).age
　　　　　　Text3.Text=s(k).wage
　　　　　　MsgBox "该职工已找到！"
　　　　End If
　　Next k
　　If t=False Then MsgBox "该职工找不到！"
End Sub

输入职工人数，程序运行结果如图 6-8 所示。

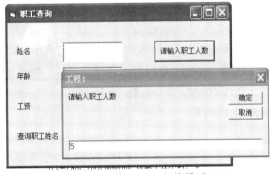

图 6-8　输入职工人数界面

查询职工姓名，结果如图 6-9 所示。

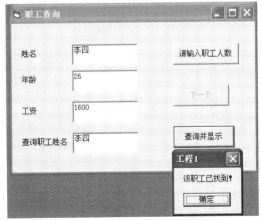

图 6-9　职工查询界面

三、实验分析及知识拓展

用户自定义类型经常用来表示数据库中的记录数据，记录一般由多个不同数据类型的元素组成。

用户自定义类型可以是任何用 Type 语句定义的数据类型。用户自定义类型可包含一个或多个某种数据类型的数据元素。定义数组时，数组类型可以是已经定义好的自定义类型。本实验中用到的数组 s 的类型就是自定义类型 stu。

四、拓展作业

由输入对话框输入 10 名学生的英语成绩，要求统计不及格人数，并将学生成绩从高分到低分排序。示例如图 6-10 所示。

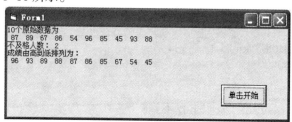

图 6-10　作业例图

综合练习

一、单项选择题

1. 语句 Dim s(1 to 5) as Currency 定义的数组是＿＿＿＿＿类型的元素。

　A. 整型　　　　　　B. 货币型　　　　C. 逻辑型　　　　D. 单精度实型

2. 以下数组声明语句中正确的是＿＿＿＿＿。

　A. Dim a[3, 4] As Integer　　　　　　B. Dim a(3, 4) As Integer

　C. Dim a(n, n) As Integer　　　　　　D. Dim a(3 4) As Integer

3. 语句 Dim a(5) 定义的数组是＿＿＿＿＿类型的元素。

　A. 整型　　　　　　B. 空类型　　　　C. 逻辑型　　　　D. 变体型

4. 语句 Option Base n 定义数组下标的下界时，n 可以是＿＿＿＿＿。

　A. 0　　　　　　　　B. 1　　　　　　C. 0 或 1　　　　D. 任意整数

5. 用 ReDim 不可以改变动态数组的＿＿＿＿＿。

　A. 大小　　　　　　B. 类型　　　　　C. 维数　　　　　D. 下标值

6. 下面的程序运行后，a(1) 的值是＿＿＿＿＿。

```
Private Sub Command1_Click()
    Dim a As Variant
    a=Array(1, 2, 3, 4)
End Sub
```

　A. 1 和 2　　　　　B. 1　　　　　　C. 2　　　　　　D. 3

7. 以下程序段定义了两个程序成分，它们分别是＿＿＿＿＿。

```
Type student
    nl AS Integer
```

```
        name As String*13
    End Type
    Dim stu As student
```
    A. 数据类型和自定义类型变量   B. 自定义类型和变量

    C. 显示类型和变量   D. 自定义类型和自定义类型变量

8. 设数组 a 中有 N 个元素，并已按递增次序排列，下面的程序段可以使 a 数组的元素按递减次序排列的是_____。

    A. For i=1 To N
        a(N-i+1)=a(i)
      Next i

    B. For i=1 To N/2
        a(i)=a(N-i+1)
      Next i

    C. For i=1 To N
        t=a(i)
        a(i)=a(N-i+1)
        a(N-i+1)=t
      Next i

    D. For i=1 To N/2
        t=a(i)
        a(i)=a(N-i+1)
        a(N-i+1)=t
      Next i

9. 以下程序的输出结果是_____。

```
Dim a
a=Array(1,2,3,4,5,6,7)
For i=Lbound(a) To Ubound(a)
  a(i)=a(i)*a(i)
Next i
Print a(i)
```
    A. 49   B. 0   C. 不确定   D. 程序出错

10. 运行下列程序，输出的值是_____。

```
Private Sub Form_Click()
    Dim arr1(10), arr2(10) As Integer, n As Integer, i As Integer
    n=3
    For i=1 To 5
        arr1(i)=i
        arr2(n)=2*n+i
    Next i
    Print arr2(n), arr1(n), arr1(i-1)
End Sub
```
    A. 11 3 5   B. 3 11 5   C. 13 3 11   D. 15 5 3

11. 有如下语句，下列选项不会出现下标越界错误的是_____。

```
Option base 1
Dim a(0 to 6) as integer, b(11) as integer
```
    A. Print a(7)   B. Print a(0)   C. Print b(0)   D. Print b(12)

12. 默认情况下，对语句 Dim S(20) as Double，以下说法正确的是_____。

    A. 数组 S 的元素是 S0, S1, S2, S3, …

　　B. 数组 S 的下标下界从 0 开始，上界是 20

　　C. 数组 S 一共有 20 个元素

　　D. 数组 S 在计算机内占用的存储空间是 40 个字节

13. 执行下列语句，输出的结果为＿＿＿＿＿＿＿。

Dim a(6, 0 to 5), b(3 to 12)

Print Ubound(b), Ubound(a, 2)

　　A. 3　　　　6　　　　B. 12　　　5　　　　C. 12　　　6　　　　D. 3　　　　5

14. Dim a(2 To 5, -1 to 3) 所定义的数组元素的个数是＿＿＿＿＿＿＿。

　　A. 20　　　　　　B. 40　　　　　　C. 8　　　　　　D. 30

15. 下列关于 Array 函数的使用说明，正确的是＿＿＿＿＿＿＿。

　　A. 用 Array 函数可以初始化任何数据类型的数组变量

　　B. 用 Array 函数可以给任何维数的数组赋初值

　　C. 用 Array 函数给数组赋值时，被赋值的数组变量可以预先定义

　　D. 设有数组定义 Dim a(3)，用 Array 函数给数组元素赋 1 到 3 初值的语句是 a()=Array(1, 2, 3)

16. 如下程序代码的输出结果是＿＿＿＿＿＿＿。

Dim a, b

a=Array("a", "b", "c")

Print IsArray(a), IsArray(b)

　　A. True　　False　　　　B. False　　True　　　　C. a　　　b　　　　D. True　　　True

17. 下列程序的输出结果为＿＿＿＿＿＿＿。

Private Sub Command1_Click()

　　Dim a()

　　a=array(1, 2, 3)

　　ReDim Preserve a(5)

　　Print a(2)

End Sub

　　A. 1　　　　　　B. 2　　　　　　C. 3　　　　　　D. 0

18. 下列关于控件数组的描述正确的是＿＿＿＿＿＿＿。

　　A. 同一数组有相同的属性

　　B. 同一数组可由不同类型的控件

　　C. 同一数组的各个控件的属性可不同

　　D. 每个元素可有多个索引号

19. 下列叙述错误的是＿＿＿＿＿＿＿。

　　A. 控件数组的每个元素共享同样的事件过程

　　B. 控件数组的每个元素都有与之相关联的下标值

　　C. 控件数组的每个元素都有不同的 Name 属性作为标识

　　D. 可在运行过程中删除控件数组的某个元素

20. 以下关于数组的叙述正确的是＿＿＿＿＿＿＿。

　　A. 动态数组和静态数组都是在编译阶段分配存储空间

B. 用 ReDim 语句对数组重新定义时，即可改变数组的大小，也可以改变数组的维数和类型

C. 在同一个程序中，可多次使用 Static 或 ReDim 语句，对同一个数组重新定义

D. 静态数组定义时，数组维的界不能是变量，而动态数组定义时，数组维的界可以是变量

二、多项选择题

1. 以下关于数组的说法正确的是＿＿＿＿＿＿。

　　A. 静态数组在声明时大小必须固定　　B. 动态数组在声明时大小可以不确定

　　C. 默认情况下数组的下界为 0　　D. 运行时可改变动态数组或静态数组的大小

2. 下列有关数组的说法正确的是＿＿＿＿＿＿。

　　A. 数组是一种特殊的数据类型　　B. 一个数组中可存放多种类型的数据

　　C. 数组是一组相同类型的变量的集合　　D. 数组可以被声明为变体类型

3. 以下数组声明语句不正确的是＿＿＿＿＿＿。

　　A. Dim a[3, 4] As Integer　　B. Dim a(3, 4) As Integer

　　C. Dim a(n, n) As Integer　　D. Dim a(3 4) As Integer

4. 关于 Public conters(2 to 14) As Integer，下列说法不正确的是＿＿＿＿＿＿。

　　A. 定义一个公用变量 conters，其值可以是 2 到 14 之间的一个整型数

　　B. 定义一个公用数组 conters，数组内可存放 14 个整数

　　C. 定义一个公用数组 conters，数组内可存放 13 个整数

　　D. 定义一个公用数组 conters，数组内可存放 12 个整数

5. 在 Picture1 上输出数组 W(i) 的值用下列＿＿＿＿＿＿语句不可以实现。

　　A. Picture1.Print W(i)　　B. Picture1=W(i)

　　C. Picture1.Picture=W(i)　　D. Print W(i)

三、判断题（正确为 **True**，错误为 **False**）

1. 数组与简单变量相同，都不需要先声明再使用。　　（　　）

2. 数组的下标上界、下界为整数或整数表达式，并且下界应该小于上界。　　（　　）

3 静态数组的声明格式"声明符 数组变量名(下标)[As 类型]"中，如果省略"As 类型"，则数组为 Variant 类型。　　（　　）

4. Option Base 1

　　Dim a(4, 5), b(0 to 4, 0 to 5)

表示数组 a 与数组 b 的下界为 0。　　（　　）

5. 下列程序的输出结果为：8　　1　　1　　（　　）

Option Base 1

Dim a(4, 0 To 6), b(2 To 8)

Print UBound(b), LBound(a, 1), LBound(a, 2)

6. 用 Array 对数组各元素赋值时，声明的数组必须是可变类型的简单变量或动态数组。　　（　　）

7. IsArray 测试变量名是否为数组，若是数组，则函数值为 True，否则为 False。（　　）

8. 可以对同一个动态数组多次使用 ReDim 重新定义其大小和类型。　　（　　）

9. ReDim 语句只能在过程中使用，不能用在窗体和模块级。　　（　　）

10. For Each…Next 语句可以对数组元素进行读取、查询或显示，它所重复执行的次数由数组中元素的个数确定。　　　　　　　　　　　　　　　（　）

四、填空题

1. Dim s(1 to 5) as String 定义的数组是＿＿＿＿类型的元素。

2. 根据需要用＿＿＿＿可以重新确定动态数组的大小。

3. 如果 Dim a(-1 to 2)，则函数 UBound(a) 的返回值是＿＿＿＿。

4. Private Sub Command1_Click()

```
    Dim w(4) as Integer
    For i=0 to 3
        w(i)=w(i)+4
    Next i
  End Sub
```

上面程序运行后，w(1) 的值是＿＿＿＿。

5. 下列程序程序运行后，aa(1) 的值是＿＿＿＿。

```
Private Sub Command1_Click()
    Dim aa
    aa=Array("一", "二", "三", "四")
    For i=0 to 3
        aa(i)=aa(i)+"公司"
    Next i
End Sub
```

6. 运行下列程序，运行结果为＿＿＿＿。

```
Option Base 1
Private Sub Command1_Click()
    Dim a, i As Integer, j As Integer, s As Integer
    a=Array(1, 2, 3, 4)
    j=1
    For i=4 To 1 Step -1
        s=s+a(i)*j
        j=j*10
    Next i
    Print s
End Sub
```

7. 三次单击窗体，运行结果是＿＿＿＿。

```
Private Sub Form_Click()
    Dim a(3) As Integer
    Static b(3) As Integer, i As Integer
    For i=1 To 3
        a(i)=a(i)+1: b(i)=b(i)+1
        Print a(i); b(i)
```

```
    Next i
End Sub
```

8. 设有命令按钮 Command1 的单击事件过程，代码如下：

```
Private Sub Command1_Click()
    Dim a(3, 3) As Integer
    For i=1 To 3
        For j=1 To 3
            a(i, j)=i*j+i
        Next j
    Next i
    Sum=0
    For i=1 To 3
        Sum=Sum+a(i, 4-i)
    Next i
End Sub
```

运行程序，单击命令按钮，输出 Sum 的结果是_____。

9. 如下程序运行后，b 数组的第 2 行第 2 列的数是_____。

```
Private Sub Command1_Click()
    Dim i As Integer, j As Integer
    Dim b(5, 5) As Integer
    For i=0 To 3
        For j=0 To 3
            b(i, j)=i*2+j
            Print b(i, j);
        Next j
        Print
    Next i
End Sub
```

10. 在窗体上画一个命令按钮（其 Name 属性为 Command1），然后编写如下代码：

```
Option Base 1
Private Sub Command1_Click()
    Dim a(10), p(3) As Integer
    k=5
    For i=1 To 10
        a(i)=i
    Next i
    For i=1 To 3
        p(i)=a(i*i)
    Next i
    For i=1 To 3
```

```
        k=k+p(i)*2
    Next i
    Print k
End Sub
```

程序运行后，单击命令按钮，输出 k 的值是＿＿＿＿＿。

五、操作题

1. 编写程序，建立并输出一个 10*10 矩阵，该矩阵两条对角线的元素为 1，其他元素均为 0。

2. 用随机函数产生二维数组 a(1 to 10, 1 to 10)，赋予 0 到 99 之间的整数，求出每行的最大值，然后把这些最大值放到一维数组 b 中，并用比较交换法降序排列输出各值。

3. 输入一系列字符串，并按递减顺序排列。

第7章 常用控件

实验一 交通信号灯的制作

一、实验目的及实验任务

1. 实验目的

利用 VB 提供的常用控件，如图像框(Image)控件、定时器(Timer)控件、标签(Label)控件、命令按钮(CommandButton)控件，模拟实现一个同向的机动车、行人交通信号灯的同步显示程序。通过本实验，让学生掌握图像框、定时器、标签控件、命令按钮的基本使用方法，同时，学会在综合使用多个控件完成程序设计时，考虑控件的选取以及编码实现时处理好多个控件之间的交叉关系，满足程序功能的实际需求，以此也提高学生使用 VB 解决实际问题的能力。

2. 实验任务

打开光盘上的"实验结果\第7章\实验一\信号灯.vbp"，运行程序，观察界面设计和运行效果，以进一步了解本实验的具体任务，然后根据提供的信号灯图片素材，模拟实现交通信号灯的使用，设计完成本程序。

二、实验所需素材

本实验所需素材文件在配套光盘中的位置：实验素材\第7章\实验一\pic。

三、实验操作过程

启动 VB 6.0，在弹出的"新建工程"对话框中，选择创建工程类型为"标准 EXE"，单击"打开"按钮，进入集成开发环境。

保存工程为"信号灯.vbp"，窗体文件名为 frmTraffic.frm，并将"实验素材\第7章\实验一"下的 Pic 文件夹复制到与工程文件相同的文件夹下。

1. 界面设计

程序设计的窗体主界面如图 7-1 所示。

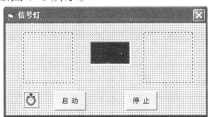

图 7-1 "信号灯"设计窗体

1)窗体设计

调整整个窗体的大小如图 7-1 所示，设置其名称为 frmTraffic，设置窗体的 Caption 属性为"信号灯"，MaxButton、MinButton 属性均设置为 False。

2）控件布局与设置

添加两个图像框控件，名称分别设置为 imgLamp 和 imgPedestrian，并将其 Stretch 属性分别设置为 True，在窗体上的布局如图 7-1 所示。这两个控件分别用来加载和显示车辆和行人的通行信号灯。

添加一个标签控件，名称设置为 lblTime，其他的属性设置见表 7-1。

表 7-1　标签控件的属性设置

属 性 名	设置的属性值	属 性 名	设置的属性值
Alignment	1-Center	Caption	空
Appearance	1-3D	Font	粗体/一号
BackColor	蓝色	ForeColor	白色
BoderStyle	1-Fixed Single		

添加两个命令按钮控件，名称分别设置为 cmdStart 和 cmdStop，设置其 Caption 属性分别为"启动"和"停止"。

添加一个定时器控件，其属性均采用默认值。

2. 代码编写

打开代码窗口，分别为命令按钮 cmdStart 和 cmdStop、窗体、定时器编写如下事件过程代码：

"通用-声明"区代码：

```
Option Explicit
Private nCounter As Integer        '红灯和绿灯的间隔时间
Private bSwitch As Boolean         '红灯和绿灯的切换开关

Private Sub Form_Load()
    imgLamp.Picture=LoadPicture(App.Path & "\Pic\red.jpg")
    imgPedestrian.Picture=LoadPicture(App.Path & "\Pic\stop.jpg")
    lblTime.Caption="0"
    nCounter=15                    '时间间隔为 15 秒
    bSwitch=False                  '开始状态全为红灯
    Timer1.Enabled=False           '定时器失效
End Sub

Private Sub cmdStart_Click()
    Timer1.Enabled=True
    Timer1.Interval=1000
End Sub

Private Sub cmdStop_Click()
    Timer1.Enabled=False
End Sub
```

```
Private Sub Timer1_Timer()
    lblTime.Caption=nCounter
    nCounter=nCounter-1
    If Not bSwitch Then              '当前为红灯
        If nCounter<5 Then
            imgLamp.Picture=LoadPicture(App.Path & "\Pic\yellow.jpg")
        End If
        If nCounter<0 Then
            imgLamp.Picture=LoadPicture(App.Path & "\Pic\green.jpg")
            imgPedestrian.Picture=LoadPicture(App.Path & "\Pic\pass.jpg")
            bSwitch=True             '红灯变为绿灯
            nCounter=15              '重新开始计时
        End If
    Else                             '当前为绿灯
        If nCounter<5 Then
            imgLamp.Picture=LoadPicture(App.Path & "\Pic\yellow.jpg")
            imgPedestrian.Picture=LoadPicture(App.Path & "\Pic\quick.jpg")
        End If
        If nCounter<0 Then
            imgLamp.Picture=LoadPicture(App.Path & "\Pic\red.jpg")
            imgPedestrian.Picture=LoadPicture(App.Path & "\Pic\stop.jpg")
            bSwitch=False            '绿灯变为红灯
            nCounter=15              '重新开始计时
        End If
    End If
End Sub
```

四、实验分析及知识拓展

本实验模拟交通信号灯的实现，程序运行时有四种不同的状态，如图 7-2 所示。

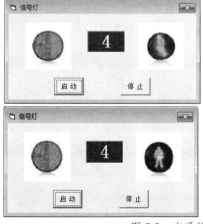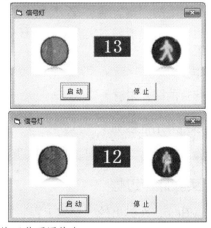

图 7-2　交通信号灯的四种不同状态

程序中设定信号变换的时间间隔为 15 秒，仅有机动车和行人两种信号指示灯，其执行逻辑对应四种不同的信号灯状态。因此，在掌握基本的控件使用方法后，如何合理地选择控件，保证程序的执行逻辑能够协调一致，符合实际的需求，这将是程序设计中需要着重考虑的问题。

作为本实验的进一步拓展，请考虑增加一种信号指示，如在绿灯亮时，到达一定时间允许机动车转弯行驶的情况，其控件的布局和程序的执行该如何实现。

五、拓展作业

1. 拓展作业任务

打开"实验结果\第 7 章\拓展作业一\信号灯.vbp"，运行程序，观察界面设计和运行效果，了解实验任务，然后根据提供的信号灯图片素材，扩展实验一的功能，增加一个转向的信号灯指示标志，设计完成本程序。

2. 拓展作业所需素材

本拓展作业所需素材见光盘"实验素材\第 7 章\拓展作业一\pic"文件夹的图片内容。

3. 本作业用到的主要提示

增加一个信号指示灯后如何控制程序的执行逻辑，假设绿灯信号剩余 10 秒时，允许左转弯。

实验二　图片浏览器的制作

一、实验目的及实验任务

1. 实验目的

使用 VB6.0 提供的驱动器列表框（DriveListBox）控件、目录列表框（DirListBox）控件、文件列表框（FileListBox）控件以及图像框（Image）控件，制作一个类似于 ACDSee 的简单图片浏览器。通过本实验，让学生掌握以上有关磁盘文件操作的三个控件的基本使用方法，借此也要求学生对盘符、路径、通配符的概念和在 VB 中的使用做进一步的了解和掌握。同时，也进一步加深对 Image 控件使用方法的掌握，特别是图片的动态加载方法的使用。通过该实验，要求学生在掌握基础知识的同时，也进一步增强分析、解决实际问题的能力。

2. 实验任务

打开光盘上的"实验结果\第 7 章\实验二\图片浏览器.vbp"工程并运行该程序，观察界面设计和运行效果，了解本实验的具体任务，然后制作类似于 ACDSee 的简单图片浏览器，设计完成本程序。

为方便对本实验任务的了解，在光盘上"实验素材\第 7 章\实验二\pic"文件夹下提供了一组植物叶片的图片素材。

二、实验所需素材

本实验所需素材文件在配套光盘中的位置：实验素材\第 7 章\实验二\pic。

三、实验操作过程

启动 VB6.0，在弹出的"新建工程"对话框中，选择创建工程类型为"标准 EXE"，单击"打开"按钮,进入集成开发环境。

保存工程为"图片浏览器.vbp",窗体文件名为 PictureBrowser.frm,并将"实验素材\第 7 章\实验二"下的 pic 文件夹复制到与工程文件相同的文件夹下。

1. 界面设计

(1)将窗体的名称设置为 PictureBrowser,设置其 Caption 属性值为"图片浏览器"、ControlBox 属性值为 False、BorderStyle 属性值为 1-Fixed Single,使窗体不能改变其大小,外观上不具备最大化、最小化等按钮。

(2)在窗体上分别添加一个标签控件,其 Caption 属性设置为"当前路径";一个文本框控件,设置其 Text 属性为空,名称属性为 txtPath;一个驱动器列表控件,名称为 DrvList;一个目录列表框控件,名称为 DirList;一个文件列表框控件,名称为 FileList;一个图像框控件,名称为 ImageShow,设置 Stretch 属性值为 True;一个命令按钮控件,名称为 cmdExit,其 Caption 属性设置为"退出"。整个窗体及窗体上的控件布局如图 7-3 所示。

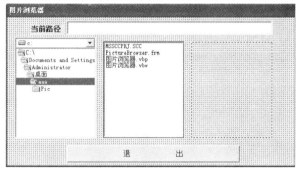

图 7-3 图片浏览器的界面设计

2. 代码编写

```
Option Explicit
Private Sub cmdExit_Click()
    Unload Me
    End
End Sub

Private Sub DirList_Change()
    FileList.Path=DirList.Path
    txtPath.Text=FileList.Path
End Sub

Private Sub DrvList_Change()
    DirList.Path=DrvList.Drive & "\"
End Sub

Private Sub FileList_Click()
    ImageShow.Picture=LoadPicture(FileList.Path & "\" & FileList.FileName)
End Sub

Private Sub Form_Load()
```

```
        DrvList.Drive="C:"
        DirList.Path=DrvList.Drive & "\"
        FileList.Path=DirList.Path
        FileList.Pattern="*.jpg;*.jpeg;*.bmp;*.gif;*.png" '设定能够显示的图片文件类型
        txtPath.Text=DirList.Path
    End Sub
```

程序运行时，效果如图 7-4 所示。

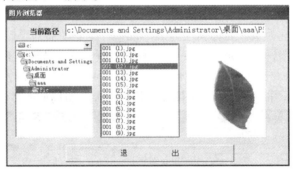

图 7-4　图片浏览器的运行效果

其中，初始路径设定为 C：盘的根目录，通过鼠标单击或键盘的光标键可自行浏览选中文件夹中类型为 JPG、JPEG、BMP、GIF、PNG 的图片文件。

四、实验分析及知识拓展

本实验使用 VB 提供的有关文件操作的控件，实现一个类似于 ACDSee 的图片浏览器程序，方法简便，能够实现图片文件的快速浏览和显示。

对本实验的进一步拓展，可理解为在浏览并显示出图片以后，对显示图片的处理，如放大、缩小。在此基础上，有能力的同学也可以进一步扩展，如对图片的平移、旋转，以及关于图像处理的相关操作，如灰度处理、计算灰度直方图，轮廓的提取等。

五、拓展作业

1. 拓展作业任务

在实验二的基础上，增加简单图片处理的功能。将浏览的图片在另一窗体中打开，完成图片的放大和缩小处理。

2. 拓展作业所需素材

本拓展作业所需素材见光盘"实验素材\第 7 章\拓展作业二\pic"文件夹。

3. 本作业用到的主要操作

打开光盘上的"实验结果\第 7 章\拓展作业二\图片浏览器.vbp"工程并运行，了解该拓展作业的主要任务。从实验二的设计结果开始，完成以下步骤的设计和编程：

（1）在工程中添加一个新的窗体文件，名称为 PictureEditor，并在"工程属性"对话框中，将启动对象设置为 PictureBrowser 窗体。

（2）在 PictureBrowser 窗体上添加一个命令按钮控件，名称为 cmdShow，并设置其 Caption属性为"图片处理"，编写如下的对应代码：

```
Private Sub cmdShow_Click()
    If FileList.FileName="" Then
```

　　　　MsgBox "请选择文件列表框中的文件", vbOKOnly, "提示"

　　Else

　　　　PictureEditor.Show vbModal

　　End If

End Sub

　　其中，新添加的窗体 PictureEditor 作为有模式的窗体显示，即在 PictureEditor 窗体打开后，只能在该窗体进行操作；当关闭该窗体后，才能回到其他的窗口继续操作。

　　(3) 新添加的窗体 PictureEditor 的设计结果如图 7-5 所示，包含一个图像框和一个水平滚动条控件。其中图像框控件的 Stretch 属性务必设置为 True。

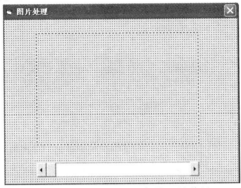

图 7-5　PictureEditor 窗体设计结果

在该窗体中编写如下代码：

Option Explicit

Private Sub Form_Load()

　　ImageProcess.Picture=PictureBrowser.ImageShow.Picture

　　HScrollPic.Max=PictureEditor.Width

　　HScrollPic.Min=500

　　HScrollPic.Value=2000

End Sub

Private Sub HScrollPic_Change()

　　ImageProcess.Width=HScrollPic.Value

　　ImageProcess.Height=Int(HScrollPic.Value*0.9)

　　ImageProcess.Left=PictureEditor.Width\2-ImageProcess.Width\2

　　ImageProcess.Top=PictureEditor.Height\2-ImageProcess.Height\2

End Sub

　　(4) 重要提示：

　　① 图片的放大和缩小是利用了图像框控件的 Stretch 属性。当改变图像框控件的大小时，其中的图像也跟着改变。

　　② 不同窗体模块之间数据的传递，利用窗体的引用来完成。例如，本例中的语句

　　ImageProcess.Picture=PictureBrowser.ImageShow.Picture

其作用就是将窗体 PictureBrowser 中图像框控件 ImageShow 所显示的图片内容传递到窗体 PictureEditor 的 ImageProcess 图像框控件中。

实验三　一个简单的信息管理系统

一、实验目的及实验任务

1. 实验目的

本实验是一个简单的信息管理系统，从功能上来讲并不完善，但基本符合一个信息管理系统的框架。该实验中使用 VB 的常用控件，包括标签(Label)、文本框(TextBox)、命令按钮(CommandButton)、单选钮(OptionButton)、组合框(ComboBox)、列表框(ListBox)、复选框(CheckBox)、框架(Frame)、菜单等。通过本实验，在掌握这些 VB 常用控件的同时，对一般信息管理系统中用户登记窗口的设计和使用、信息录入窗口中数据的基本验证、信息管理系统的构建模式等也能做一定的掌握。

2. 实验任务

浏览并运行光盘上的"实验结果\第 7 章\实验三\信息管理.vbp"，了解具体的实验任务，完成该信息管理的程序设计。

二、实验操作过程

(1)在工程中添加一个 MDI 窗体，名称为 frmSystem，Caption 属性设置为"信息管理系统"，并在该窗体上设计一个简单的菜单，菜单属性见表 7-2。

表 7-2　菜单控件的属性设置

控 件 名	属 性 名	属 性 值
顶级菜单	名称	mnuProcess
	标题	信息处理(&P)
子菜单	名称	mnuModify
	标题	信息登记(&R)

设计总体结果如图 7-6 所示。

图 7-6　信息管理系统的主界面

(2)在工程中添加另一个窗体，名称为 frmRegister，Caption 属性设置为"教师登记"，添加相应的控件。其中，Caption 属性分别为"男"(optMale)和"女"(optFemale)的单选钮放在了一个 Frame 控件(Frame1)中，姓名、性别、出生日期、职称信息分别用 Line 控件进行了分割，使得界面的设计更美观一些。"选择授课名称"所对应的列表框控件(lstCourse)，其 Style 属性设置为 1-Checkbox，即符合复选框的特点，可以同时选中多项；"个人爱好"中的所有复选框控件是一个控件数组(chkHobby)，以便能够更好地编写程序代码。"备注"对应的文本框控件(txtMemo)，其 MultiLine 属性设置为 True，ScrollBars 属性设置为 2-Vertical，使文本框中的内容可以多行和垂直滚动显示。三个命令按钮的 Caption 属性分别为"保存"、"下一条"和"退出"，名称分别为 cmdSave、cmdNext 和 cmdExit。设计的总体结果如图 7-7

所示。

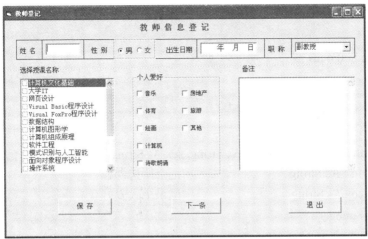

图 7-7 教师登记窗口的设计

(3)运行工程时，执行系统主界面(图 7-6)的菜单项"信息登记"，输入图 7-8 所示的相关信息，特别要注意"出生日期"信息输入的格式限制。单击"保存"按钮时，在"备注"文本框中显示输入的内容。当单击"下一条"命令按钮时，恢复成初始状态。

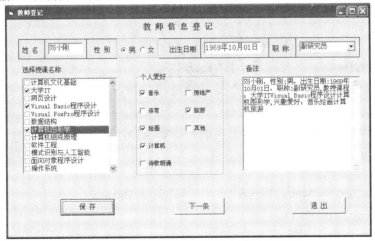

图 7-8 信息登记的执行结果

(4)名称为 frmSystem 的窗体模块对应的代码：

```
Option Explicit
Private Sub mnuModify_Click()
    frmRegister.Show
End Sub
```

(5)名称为 frmRegister 的窗体模块对应的代码：

```
Option Explicit

'为窗体 Load 事件编写如下代码：
Private Sub Form_Load()
    optMale.Value=True
    txtBirthday.Text="   年   月   日"    '初始化文本框的格式
```

```vb
        txtBirthday.MaxLength=11              '文本框中的一个汉字作为一个字符长度
        txtName.MaxLength=4                    '姓名最多为 4 个汉字
        Show
        txtName.SetFocus
    End Sub

    '为"保存"按钮编写如下事件过程：
    Private Sub cmdSave_Click()
        Dim Birthday As String, Rank As String, sex As String
        Dim Course As String                    '记录所选课程
        Dim Hobby As String                      '记录个人爱好
        Dim i As Integer
        txtMemo.Text=txtName.Text
        If optMale.Value=True Then
            sex=optMale.Caption
        Else
            sex=optFemale.Caption
        End If
        txtMemo.Text=txtMemo.Text & "，性别:" & sex
        If txtBirthday<>"    年   月    日" Then
            Birthday=txtBirthday.Text
        Else
            MsgBox "出生日期不能为空，请重新输入", vbOKOnly, "提示"
            txtBirthday.SetFocus
        End If
        txtMemo.Text=txtMemo.Text & "，出生日期:" & Birthday
        If cboRank.Text<>"" Then
            Rank=cboRank.Text
        Else
            MsgBox "请选择您的职称", vbOKOnly, "提示"
        End If
        txtMemo.Text=txtMemo.Text & "，职称:" & Rank
        For i=0 To lstCourse.ListCount-1
            If lstCourse.Selected(i)=True Then
                Course=Course & lstCourse.List(i)
            End If
        Next
        If Course<>"" Then
            txtMemo.Text=txtMemo.Text & ", 教授课程：" & Course
        Else
```

```
        MsgBox "请重新选择所教授课程", vbOKOnly, "提示"
      End If
      For i=0 To chkHobby.Count-1
        If chkHobby(i).Value=1 Then        '复选框被选中
            Hobby=Hobby & chkHobby(i).Caption
        End If
      Next
      If Hobby="" Then
        If MsgBox("是否重新确认您的兴趣爱好？", vbYesNo, "提示")=vbYes Then
            chkHobby(0).SetFocus
        Else
            txtMemo.Text=txtMemo.Text & "没有特别兴趣爱好"
        End If
      Else
        txtMemo.Text=txtMemo.Text & ", 兴趣爱好：" & Hobby
      End If
End Sub
```

'为"下一条"按钮编写如下事件过程：
```
Private Sub cmdNext_Click()
    Dim j As Integer, k As Integer
    txtName.Text=""
    txtBirthday.Text="    年   月   日"
    cboRank.Text=""
    For j=0 To lstCourse.ListCount-1
        lstCourse.Selected(j)=False
    Next
    For k=0 To chkHobby.Count-1
        chkHobby(k).Value=0
    Next
    txtMemo.Text=""
    txtName.SetFocus
End Sub
```

'为"退出"按钮编写如下事件过程：
```
Private Sub cmdExit_Click()
    Unload Me
End Sub
```
　(6)为使"出生日期"数据的输入更加准确，也可对输入的数据进行位置和类型的验证，通过以下代码可实现。
```
Private Sub txtBirthday_Change()
```

```
        Select Case txtBirthday.SelStart
            Case 4, 7, 10                    '位置控制
                txtBirthday.SelStart=txtBirthday.SelStart+1
        End Select
    End Sub

    Private Sub txtBirthday_KeyPress(KeyAscii As Integer)
        Dim i As Long
        With txtBirthday
            If IsNumeric(Chr(KeyAscii))=False Then
                KeyAscii=0
                Exit Sub                    '非数字退出
            End If
            i=txtBirthday.SelStart
            If i=11 Then                     '防止数字输入超出范围
                KeyAscii=0
                Exit Sub
            End If
            txtBirthday.Text=Left(txtBirthday.Text, i) & Mid(txtBirthday.Text, i+2)
            txtBirthday.SelStart=i
        End With
    End Sub
```

三、实验分析及知识拓展

本实验所做的简单信息管理系统从功能上来讲并不完善，但基本符合一个信息管理系统的构建模式。实验融合了标签、文本框、命令按钮、单选钮、组合框、列表框、复选框、框架等 VB 常用控件的使用。通过本实验，在掌握这些 VB 常用控件的同时，对一般信息管理系统中用户登记窗口的处理、信息录入中数据的基本验证、信息管理系统的架构等也能做一定的掌握。

有能力的学生也可以在本实验的基础上，参考相关资料，补充相应的功能，并与数据库(或文件)的使用结合，设计完成一个真正的、功能完善的信息管理系统。

四、拓展作业

1. 拓展作业任务

对于信息管理系统，为了保证系统的信息安全，一般有系统登录的功能。在实验三的基础上，增加系统登录功能，创建一个标准 EXE 工程，默认包含一个窗体，名称设置为 frmLogin，Caption 属性为"登录"，MinButton 和 MaxButton 属性均设置为 False。然后在窗体上添加相应的控件，包括两个标签控件、两个文本框控件和两个命令按钮，其设计结果如程序运行时的图 7-9 所示。

图 7-9 用户登录窗口

命令按钮和文本框的属性设置见表 7-3。

表 7-3 控件的属性设置

控件名	属性名	属性值
Command1	名称	cmdOk
	Caption	确定
Command2	名称	cmdCancel
	Caption	取消
Text1	名称	txtUserName
	Text	空
Text2	名称	txtPassWord
	Text	空

用户登录窗口中的用户名为"admin",口令为"123456",当用户输入正确的用户名和口令后,再显示窗体 frmSystem。输入错误的用户名和口令的次数超过三次,则退出系统,且当输入完用户名时,按回车键,"口令"对话框获得焦点,当输入完口令时,按回车键,"确定"按钮获得焦点,

2. 拓展作业所需素材

本拓展作业所用素材见光盘"实验素材\第 7 章\拓展作业三"。

综合练习

一、单项选择题

1. 假定在图片框 Picture1 中装入了一个图形,要清除该图形(注意,清除图形,而不是删除图片框),应采用的正确方法是_____。

A. 选择图片框,然后按 Del 键

B. 执行语句 Picture1.picture=LoadPicture("")

C. 执行语句 Picture1.picture=""

D. 选择图片框,在属性窗口中选择 Picture 属性条,然后按回车键

2. 比较图片框(PictureBox)和图像框(Image)的使用,正确的描述是_____。

A. 当图片框的 AutoSize 属性为 True 时,图片框能自动调整大小以适应图片的尺寸

B. 当图像框的 Stretch 属性为 True 时,图像框会自动改变大小以适应图形的大小,使图形充满图像框

C. 两类控件都可以设置 AutoSize 属性，以保证装入的图形可以自动改变大小

D. 两类控件都可以设置 Stretch 属性，使得图形根据物件的实际大小进行拉伸调整，保证显示图形的所有部分

3. 删除列表框中的指定项目所使用的方法为_____。

A. Move　　　　　　B. Remove　　　　　C. Clear　　　　　D. RemoveItem

4. 向列表框添加列表项可使用的方法是_____。

A. AddItem　　　　B.Remove　　　　　C.Clear　　　　　D.Add

5. 当拖动滚动条中的滚动块时，将触发的滚动条的事件是_____。

A. Move　　　　　　B. Change　　　　　C. Scroll　　　　　D. SetFocus

6. 滚动条控件的 LargeChange 属性所设置的是_____。

A. 滚动条中滚动块的最大移动范围

B. 单击滚动条和滚动箭头之间的区域时，滚动条控件 value 属性值的改变量

C. 滚动条中滚动块的最大移动位置

D. 滚动条控件无该属性

7. 用户在组合框中输入或选择的数据可以通过一个属性获得，这个属性是_____。

A. List　　　　　　B. ListIndex　　　　C. Text　　　　　D. ListCount

8. 设置一个单选按钮(OptionButton)代表选项的选中状态，应当在属性窗口中改变的属性是_____。

A. Caption　　　　B. Name　　　　　　C. Text　　　　　D. Value

9. 下列控件中没有 Caption 属性的是_____。

A. 框架　　　　　　B. 列表框　　　　　C. 复选框　　　　　D. 单选按钮

10. 复选框的 Value 属性为 1 时，表示_____。

A. 复选框未被选中　　　　　　　B. 复选框被选中

C. 复选框内有灰色的勾　　　　　D. 复选框操作有误

11. 将数据项"China"添加到列表框 List1 中成为第二项，应使用的语句是_____。

A. List1.AddItem "China", 1　　　　B. List1.AddItem "China", 2

C. List1.AddItem 1, "China"　　　　D. List1.AddItem 2, "China"

12. 要引用列表框 List1 的最后一个数据项，应使用的语句是_____。

A. List1.List(List1.ListCount)　　　B. List1.List(ListCount)

C. List1.List(List1.ListCount-1)　　D. List1.List(ListCount-1)

13. 假如列表框 List1 有四个数据项，那么把数据项"China"添加到列表框的最后，应使用的语句是_____。

A. List1.AddItem 3, "China"

B. List1.AddItem "China", List1.ListCount-1

C. List1.AddItem "China", 3

D. List1.AddItem "China", List1.ListCount

14. 执行了下面的程序后，列表框中的数据项有_____。

```
Private Sub Form_Click()
   For i=1 to 6
       List1.AddItem i
```

```
        Next i
        For i=1 to 3
            List1.RemoveItem i
        Next i
    End Sub
```
　　A. 1，5，6　　　　　　B. 2，4，6　　　　C. 4，5，6　　　　D. 1，3，5

15. 如果列表框 List1 中没有选定的项目，则执行语句 List1.RemoveItem List1.ListIndex 的结果是_____。

　　A. 移去第一项　　　　　　　　　　B. 移去最后一项

　　C. 移去最后加入列表中的一项　　　D. 以上都不对

16. 如果列表框 List1 中只有一个项目被用户选定，则执行语句 "Debug.Print List1. Selected（List1.ListIndex）" 的结果是_____。

　　A. 在 Debug 窗口输出被选定的项目的索引值

　　B. 在 Debug 窗口输出 True

　　C. 在窗体上输出被选定的项目的索引值

　　D. 在窗体上输出 True

17. 在窗体上画一个名称为 List1 的列表框、一个名称为 Label1 的标签，列表框中显示若干城市的名称。当单击列表框中的某个城市名时，该城市名从列表框中消失，并在标签中显示出来。下列能正确实现上述操作的程序段是_____。

```
    A. Private Sub List_Click（）
            Label1.Caption=List1.ListIndex
            List1.RemoveItem List1.Text
       End Sub
    B. Private Sub List_Click（）
            Label1.Name=List1.ListIndex
            List1.RemoveItem List1.Text
       End Sub
    C. Private Sub List_Click（）
            Label1.Caption=List1.Text
            List1.RemoveItem List1.ListIndex
       End Sub
    D. Private Sub List_Click（）
            Label1.Name=List1.Text
            List1.RemoveItem List1.ListIndex
       End Sub
```

18. 下列说法中正确的是_____。

　　A. 通过适当的设置，可以在程序运行期间，让时钟控件显示在窗体上

　　B. 在列表框中不能进行多项选择

　　C. 在列表框中能够将项目按字母从大到小排序

　　D. 框架也有 Click 和 DblClick 事件

19. 在窗体上添加多个单选按钮(OptionButton)，通过鼠标单击，要能使其中的至少 1 个以上单选按钮处于同时被选中的状态，应使用 VB 的_____控件，将单选按钮在窗体上进行分组显示。

　　　A. 框架控件　　　　B. 图像框控件　　　C. 列表框控件　　　D. 标签控件

20. 滚动条产生 Change 事件是因为_____值改变了。

　　　A. SmallChange　　　B. Value　　　　C. Max　　　　　D. LargeChange

21. 如果要每隔 15 秒产生一个 Timer 事件，则 Interval 属性应设置为_____。

　　　A. 15　　　　　　　B. 900　　　　　C. 15000　　　　D. 150

22. 列表框的_____属性是数组。

　　　A. List 和 ListIndex　　　　　　　B. List 和 ListCount

　　　C. List 和 Selected　　　　　　　D. List 和 Sorted

23. 用户在使用 ActiveX 控件之前，需要将它们加载到工具箱中，下列_____操作可进行 ActiveX 控件的加载。

　　　A. "工程"→"部件"　　　　　　　B. "视图"→"工具箱"

　　　C. "工具"→"选项"　　　　　　　D. "工程"→"引用"

24. 在窗体上画一个列表框和一个文本框，然后编写如下两个事件过程：

Private Sub Form_Load ()

　　List1.AddItem"357"

　　List1.AddItem"246"

　　List1.AddItem"123"

　　List1.AddItem"456"

　　Text1.Text=""

End Sub

Private Sub List1_ DblClick ()

　　a =List1.Text

　　Print a+Text1.Text

End Sub

程序运行后，在文本框中输入"789"，然后双击列表框中的"456"，则输出结果为_____。

　　　A. 1245　　　　　　B. 456789　　　　C. 789456　　　　D. 0

25. 在窗体上画一个名称为 Text1 的文本框，然后画一个名称为 HScroll1 的滚动条，其 Min 和 Max 属性分别为 0 和 100。程序运行后，如果移动滚动框，则在文本框中显示滚动条的当前值。以下能实现上述操作的程序段是_____。

　　　A. Private Sub HScroll1_Scroll()

　　　　　Text1.Text=HScroll1.Value

　　　　End Sub

　　　B. Private Sub HScroll1_Click()

　　　　　Text1.Text=HScroll1.Value

　　　　End Sub

　　　C. Private Sub HScroll1_Change()

```
        Text1.Text=HScroll1.Caption
    End Sub
  D. Private Sub HScroll1_Click()
        Text1.Text=HScroll1.Value
    End Sub
```

26. 如果只允许在列表框中每次选择一个列表项，则应将其 MultiSelect 属性设置为
_____。

A. 0　　　　　　　B. 1　　　　　　　C. 2　　　　　　　D. 3

27. 要将一个组合框设置为简单组合框，应将其 Style 属性设置为_____。

A. 0　　　　　　　B. 1　　　　　　　C. 2　　　　　　　D. 3

二、判断题(正确为**True**，错误为**False**)

1. 计时器(Timer)控件的 Interval 属性设置为 0 时，表示屏蔽计时器。（　）

2. 单选钮和复选框都有 Value 属性，当选中它们时，Value 属性都为 True。（　）

3. ListBox 控件和 ComboBox 控件一样，都只能选择一项。（　）

4. 为了清除列表框控件中显示的所有内容，应使用的方法是 Clear。（　）

5. 图片框(PictureBox)控件既可以用来显示图片和绘制图形，也可以使用 Print 方法来显示文字。（　）

6. 在框架(Frame)控件中的几个单选按钮(OptionButton)中，可有一个或多个单选按钮的 Value 属性为 True。（　）

7. 位图(BMP)格式的图片，如果在 AutoSize 属性为 False 的图片框控件中，它会以图片框控件的大小完整显示出来。（　）

8. ActiveX 控件是扩展名为.ocx 的独立文件，使用时需要从"工程"→"部件"载入或移去。（　）

9. 框架(Frame)控件是一种容器控件，因此它可以有自己的坐标系。（　）

10. 图像(Image)控件不能用作容器使用。（　）

11. Image 控件能够使用的资源比 PictureBox 控件使用的多。（　）

12. Shape 控件和 Line 控件可以在窗体中移动，因此它们都具有 Move 方法。（　）

13. 当在一个简单组合框的文本框中输入一个它的列表中没有的条目时，组合框会自动将这一条目添加到它的列表中。（　）

14. 对于文件系统控件，当驱动器列表控件 DriveListBox1 中的驱动器符改变时，目录列表控件 DirListBox1 中显示的文件夹也作相应改变，可以在 DriveListBox1 的 Change 事件中使用如下命令：DirListBox1.Path=DriveListBox1.Drive。（　）

15. 滚动条控件不可以作为用户输入数据的一种方法。（　）

16. 计时器(Timer)控件的 Interval 属性的单位是毫秒，即若将该属性值设置为 10，则每隔 0.01 秒会产生一次 Timer 事件。（　）

17. 框架(Frame)控件和形状(Shape)控件都不能响应用户的鼠标单击事件。（　）

18. 列表框包含了组合框的功能。（　）

19. 列表框控件中的列表项不可以多列显示。（　）

20. 目录列表框(DirListBox)控件的列表项不可以通过 AddItem 方法添加。（　）

21. 如果一个列表框共有五个列表项，当选中其中的第三项时，列表框的 ListIndex 属性

值为 2。　　　　　　　　　　　　　　　　　　　　　　　　　　　　　　　（　　）

22. 通用对话框（CommonDialog）控件在运行时不可见，要打开"另存为"对话框，只能通过调用其 ShowSave 方法来实现。　　　　　　　　　　　　　　　　（　　）

23. 图片框控件的 Enabled 属性设置为 False，则图片框上的控件仍可响应用户操作。　　　　　　　　　　　　　　　　　　　　　　　　　　　　　　（　　）

24. 移动框架（Frame）控件时，框架内的控件也随之移动，因此框架内各控件的 Left 和 Top 属性值也将分别随之改变。　　　　　　　　　　　　　　　　（　　）

25. 在利用通用对话框控件显示"字体"对话框之前必须设置其 Flags 属性，否则将发生字体不存在的错误。　　　　　　　　　　　　　　　　　　　　（　　）

26. 组合框具有文本框和列表框两者的功能，用户可以通过键入文本或选择列表中的项目来进行选择。　　　　　　　　　　　　　　　　　　　　　　（　　）

27. 在 VB 的工具栏中包括了所有 VB 可用的控件，不能再加载其他控件。　（　　）

28. 复选框（CheckBox）控件的 Value 属性与单选按钮（OptionButton）控件的 Value 属性作用相同。　　　　　　　　　　　　　　　　　　　　　　　（　　）

第8章 过　　程

实验一　数组合并

一、实验目的及实验任务

1. 实验目的

通过本实验，掌握通用过程(Sub 过程)的定义和调用方法，掌握实参和形参按值传递和按地址传递的不同用法，掌握数组参数的传递方法。

2. 实验任务

定义整型动态数组 A 和 B，根据输入数据定义数组大小，然后从键盘读取数组 A 和 B 的元素，输出数组元素，A、B 都是严格递增的(即元素从小到大排列)。将 A、B 合并成数组 C，使 C 也严格递增。最后输出数组 C。要求编写通用过程 OutPut 在窗体上打印数组元素，编写 Union 过程用于实现数组合并。

打开光盘上的"实验结果\第 8 章\实验一\数组合并.vbp"，运行程序，了解实验任务，然后设计程序。

二、实验操作过程

启动 VB 6.0，在弹出的"新建工程"对话框中，选择创建工程类型为"标准 EXE"，单击"打开"按钮，进入集成开发环境。

1. 界面设计

1)窗体设计

设置窗体的 Caption 属性的值为"数组合并"，名称默认为 Form1。

2)控件设计

在窗体上放置四个命令按钮，设置命令按钮至合适大小，命令按钮属性设置见表 8-1。

表 2-1　命令按钮属性设置

控　件	属 性 名	属 性 值
Command1	Name	cmdLength
	Caption	定义数组
Command2	Name	cmdInput
	Caption	输入
Command3	Name	cmdOutput
	Caption	合并及输出
Command4	Name	cmdExit
	Caption	结束

设计好的界面如图 8-1 所示。

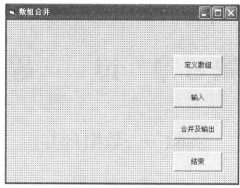

图 8-1　数组合并界面

2. 代码编写

在代码窗口中，分别编写如下事件过程：

（1）"通用-声明"区代码：

```
Option Explicit
Option Base 1
Dim C() As Integer
Dim N As Integer, M As Integer
Dim A() As Integer, B() As Integer

Private Sub cmdLength_Click()
    N=InputBox("输入数组 A 元素个数：")
    M=InputBox("输入数组 B 元素个数：")
    ReDim A(N)
    ReDim B(M)
End Sub

Private Sub cmdInput_Click()
    Dim i As Integer
    For i=1 To N
        A(i)=InputBox("输入数组 A("+Str(i)+")")
    Next i
    For i=1 To M
        B(i)=InputBox("输入数组 B("+Str(i)+")")
    Next i
End Sub
```

（2）自定义通用过程 OutPut：

```
Private Sub OutPut(X() As Integer)
    Dim L As Integer
    For L=1 To UBound(X)
        Print X(L);
```

```
    Next
    Print
End Sub
```

(3) 自定义通用过程 Union：

```
Private Sub Union(Array_A() As Integer, Array_B() As Integer)
    Dim ia%, ib%, IC%
    ia=1: ib=1: IC=1
    ReDim C(UBound(Array_A)+UBound(Array_B))
    Do While ia<=UBound(Array_A) And ib<=UBound(Array_B)  '当 A 和 B 数组均未比较完
        If Array_A(ia)<Array_B(ib) Then
            C(IC)=Array_A(ia):     ia=ia+1
        Else
            C(IC)=Array_B(ib):     ib=ib+1
        End If
        IC=IC+1
    Loop
    Do While ia<=UBound(Array_A)                'A 数组中的剩余元素抄入 C 数组
        C(IC)=Array_A(ia)
        ia=ia+1:     IC=IC+1
    Loop
    Do While ib<=UBound(Array_B)                'B 数组中的剩余元素抄入 C 数组
        C(IC)=Array_B(ib)
        ib=ib+1:     IC=IC+1
    Loop
End Sub

Private Sub cmdOutput_Click()
    Print "数组 A:"
    Call OutPut(A)              '调用输出过程
    Print "数组 B:"
    Call OutPut(B)              '调用输出过程
    Call Union(A, B)           '调用合并过程
    Print "合并结果:"
    Call OutPut(C)
End Sub

Private Sub cmdExit_Click()
    End
End Sub
```

保存工程为"数组合并.vbp"，窗体为 Form1.frm。

运行程序，若定义数组 A 的长度为 3，B 的长度为 2，其中数组 A 的元素为 13，35，56，数组 B 的元素为 10，78，则结果如图 8-2 所示。

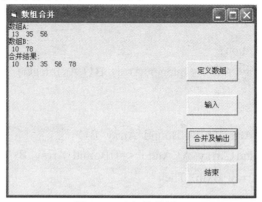

图 8-2　运行结果图示

三、实验分析及知识拓展

A、B 两个数组是严格递增的数组，要实现严格递增的合并，可以定义三个整型数 ia、ib、ic 分别为指向数组 A、B 和 C 下标的指针，它们的初值均为 1。在合并过程中可能出现以下两种情况：

(1) A(ia)>B(ib)，则 C(ic)=B(ib)；ic=ic+1；ib=ib+1；

(2) A(ia)<B(ib)，则 C(ic)=A(ia)；ic=ic+1；ia=ia+1。

若数组 A(或 B)全部合并到数组 C 中，则结束比较，将数组 B(或 A)剩下的所有元素依次复制到数组 C 中。

四、拓展作业

1. 拓展作业任务

在实验一中，若数组 A、B 中有相同的元素，则只保留一个，试实现该功能。

2. 本作业用到的操作提示

A(ia)=B(ib)，则 C(ic)=B(ib) 或 C(ic)=A(ia)；ic=ic+1；ia=ia+1；ib=ib+1。

实验二　过滤字符串

一、实验目的及实验任务

1. 实验目的

通过本实验，掌握函数过程(Function 过程)的定义和调用方法。

2. 实验任务

编写一个函数过程 DeleteStr(S1, S2)，函数返回值是：将字符串 S1 中出现的 S2 子字符串全部删去后的字符串。

浏览光盘上的"实验结果\第 8 章\实验二\过滤字符串.vbp"，运行程序，了解实验任务，然后设计程序。

二、实验操作过程

启动 VB 6.0，在弹出的"新建工程"对话框中，选择创建工程类型为"标准 EXE"，单击"打开"按钮，进入集成开发环境。

1. 界面设计

1)窗体设计

设置窗体的 Caption 属性的值为"过滤字符串"，名称默认为 Form1。

2)控件设计

在窗体上放置一个命令按钮、三个标签和三个文本框。界面设计如图 8-3 所示。

图 8-3 设计界面

控件的属性设置如表 8-2 所示。

表 2-1 控件的属性设置

控 件	属 性 名	属 性 值
Command1	Name	cmdRun
	Caption	运行
Text1	Name	TxtSource
	Text	空
Text2	Name	TxtSubString
	Texr	空
Text3	Name	TxtResult
	Text	空
Label1	Caption	源字符串
Label2	Caption	子字符串
Label3	Caption	结果

2. 代码编写

自定义函数 DeleteStr 的代码如下：

```
Function DeleteStr(S1 As String, S2 As String) As String
    Dim i As Integer, res As String
    res=S1
```

```
        Do While InStr(res, S2)>0
            i=InStr(res, S2)
            res=Left(res, i-1) & Mid(res, i+Len(S2))
        Loop
        DeleteStr=res
    End Function
```

命令按钮"运行"的事件过程如下：

```
Private Sub cmdRun_Click()
    Dim Source As String, subString As String
    Source=TxtSource.Text
    subString=TxtSubString.Text
    TxtResult.Text=DeleteStr(Source, subString)
End Sub
```

保存工程为"过滤字符串.vbp"，窗体为 Form1.frm。运行程序，在"源字符串"和"子字符串"文本框中分别输入"123ASDABC32HABC123"和"ABC"，单击"运行"，结果如图 8-4 所示。

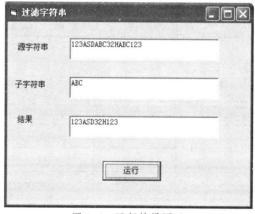

图 8-4 运行结果图示

三、实验分析及知识拓展

在 S1 字符串中找 S2 字符串，可利用 InStr() 函数，要考虑到 S1 中可能存在多个或不存在 S2 字符串，用 Do While Instr(S1, S2)>0 循环结构来实现。

若在 S1 中找到 S2 字符串，则通过 Left()、Mid() 函数的调用实现删除 S1 中存在的 S2 字符串，然后再返回判断现在的 S1 中是否还包含 S2。

四、拓展作业

1. 拓展作业任务

在实验二中，若在"源字符串"文本框中输入"SSSDDDE"，在"子字符串"文本框中输入"SD"，因为源字符串中只有一个子串"SD"，过滤之后，结果应该为"SSDDE"，但运行上面的程序后，结果为"E"，如图 8-5 所示。试编程解决这个问题。

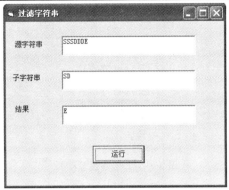

图 8-5　运行结果图示

2. 本作业用到的操作提示

函数 Instr([n], x, y)：从字符串 x 的第 n 个字符开始查找 y，若找到，则返回 y 第一个字符在 x 中的位置，找不到则返回 0；n 缺省时，从头开始查找。本作业需要记住每次查找的起始位置。

实验三　标准模块实验

一、实验目的及实验任务

1. 实验目的

通过本实验，掌握标准模块及 Main() 函数的使用方法。

2. 实验任务

编写一个包含五个模块的工程，其中四个是窗体模块，分别实现以下功能：

(1) 输入一个数，判断它是否是素数。

(2) 输入两个数，求它们之间的所有素数。

(3) 输入一个数，求比它大的最小素数。

(4) 输入一个数，求比它小的最大素数。

一个标准模块，在标准模块中定义一个判断素数的函数 Prime(m as Integer) As Boolean，供其他几个窗体模块进行调用，若实参为素数，则返回 True，不是则返回 False。

程序启动时，首先执行 Main() 过程，Main() 过程提示用户要实现的功能，用户可根据需要进行选择。

浏览光盘上的"实验结果\第 8 章\实验三\标准模块.vbp"，运行程序，了解实验任务，然后设计程序。

二、实验操作过程

启动 VB，在弹出的"新建工程"对话框中，选择创建工程类型为"标准 EXE"，单击"打开"按钮，进入集成开发环境。

使用"工程"菜单中的"添加窗体"命令，再添加三个窗体模块，使用"工程"菜单中的"添加模块"命令，添加一个标准模块。窗体和标准模块的 Name 属性均采用默认值。添加各模块后的工程资源管理器如图 8-6 所示。

图 8-6　工程资源管理器

1. 界面设计

1）Form1 窗体设计

设置窗体 Form1 的 Caption 属性的值为"判断素数"，并在窗体上设计一个标签（Caption属性为"输入一个数："）、一个命令按钮（Caption 属性为"判断"）和一个文本框（Text 属性为空），其他属性默认，如图 8-7 所示。

图 8-7　Form1 窗体设计

图 8-8　Form2 窗体设计

2）Form2 窗体设计

设置窗体 Form2 的 Caption 属性的值为"求两个数之间的所有素数"，并在窗体上设计两个标签（Caption 属性分别为"输入第一个数"、"输入第二个数"）、一个命令按钮（Caption 属性为"计算"）和两个文本框（Text 属性都为空），其他属性默认，如图 8-8 所示。

3）Form3 窗体设计

设置窗体 Form3 的 Caption 属性的值为"求素数"，并在窗体上设计两个标签（Caption 属性分别为"输入一个数："、"大于该数的最小素数是："）、一个命令按钮（Caption 属性为"计算"）和两个文本框（Text 属性都为空），其他属性默认，如图 8-9 所示。

图 8-9　Form3 窗体设计

4）Form4 窗体设计

设置窗体 Form4 的 Caption 属性的值为"求素数"，并在窗体上设计两个标签（Caption 属性分别为"输入一个数："、"小于该数的最大素数是："）、一个命令按钮（Caption 属性为"计算"）和两个文本框（Text 属性都为空），其他属性默认，如图 8-10 所示。

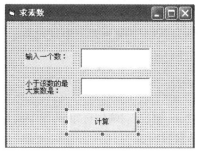

图 8-10 Form4 窗体设计

2. 代码编写

（1）双击图 8-6 中的 Module1，进入标准模块的代码窗口，编写一个用于判断素数的自定义函数 Prime（m as Integer）As Boolean，并在工程属性对话框中，将启动对象设置成 "Sub Main"。

```
Function Prime(m As Integer) As Boolean
    Dim i%
    Prime=True
    For i=2 To Int(Sqr(m))
        If m Mod i=0 Then Prime=False:    Exit For
    Next i
End Function
```

（2）编写 Main()过程代码如下：

```
Sub Main()
    Dim Num As Integer
    Num=Val(InputBox("1.判断一个数是否是素数。"+Chr(10)+Chr(13)+_
                "2.输入两个数，显示它们之间所有的素数。"+Chr(10)+Chr(13)+_
                "3.输入一个数，显示比它大的最小素数。"+Chr(10)+Chr(13)+_
                "4.输入一个数，显示比它小的最大素数。"+Chr(10)+Chr(13)+_
                "请输入 1，2，3 或 4 选择要实现的功能：","选择功能"))
    Select Case Num
        Case 1
            Form1.Show
        Case 2
            Form2.Show
        Case 3
            Form3.Show
        Case 4
            Form4.Show
        Case Else
            MsgBox "请输入 1-4 中的任何一个数"
            Call Main
```

```
    End Select
End Sub
```

（3）在 Form1 窗体的"判断"按钮中编写如下事件过程：

```
Private Sub Command1_Click()
    Dim Num As Integer
    Num=Text1.Text
    If Prime(Num)=True Then          '调用标准过程中的自定义函数 Prime
        MsgBox Num & "是素数"
    Else
        MsgBox Num & "不是素数"
    End If
End Sub
```

（4）在 Form2 窗体的"计算"按钮中编写如下事件过程：

```
Private Sub Command1_Click()
    Dim Num1 As Integer, Num2 As Integer, Num3 As Integer, M As Integer
    Dim Result As String
    Num1=Text1.Text
    Num2=Text2.Text
    If Num1>Num2 Then
        Num3=Num1
        Num1=Num2
        Num2=Num3
    End If
    For M=Num1 To Num2
        If Prime(M)=True Then          '调用标准过程中的自定义函数 Prime
            Result=Result & M & ", "
        End If
    Next
    MsgBox Result
End Sub
```

（5）在 Form3 窗体的"计算"按钮中编写如下事件过程：

```
Private Sub Command1_Click()
    Dim Num As Integer, M As Integer
    Num=Text1.Text
    M=Num+1
    Do While M>Num
        If Prime(M)=True Then          '调用标准过程中的自定义函数 Prime
            Text2.Text=M
            Exit Do
        Else
```

```
        M=M+1
      End If
  Loop
End Sub
```

（6）在 Form4 窗体的"计算"按钮中编写如下事件过程：

```
Private Sub Command1_Click()
    Dim Num As Integer, M As Integer
    Num=Text1.Text
    M=Num-1
    Do While M<Num
      If Prime(M)=True Then
          Text2.Text=M
          Exit Do
      Else
          M=M-1
      End If
    Loop
End Sub
```

三、实验分析及知识拓展

在 VB 的应用程序中，一个工程可以包含多个窗体，这些窗体要执行的公共代码部分可以从窗体中独立出来，存放于标准模块中。通过标准模块的使用，可以进一步提高代码的可重用性，增加代码的模块化和可读性。

本实验就是在标准模块中定义了一个全局级的函数 Prime，在其他四个窗体模块中实现直接对该函数的调用。

标准模块保存在扩展名为.bas 的文件中，通常包含变量、常量、类型定义、外部过程和通用过程的全局级或模块级声明。在缺省的情况下，标准模块中的声明都是全局级的。

如果标准模块的全局级过程在整个工程中是唯一的，或者与其他标准模块的全局级过程都不同名，则在其他模块中可以直接用过程名调用此过程。

在调用不同模块中的同名全局级过程时，要在过程名前加上模块名。窗体模块中的全局级过程在被其他模块调用时，需指出该过程所隶属的窗体。

四、拓展作业

1. 拓展作业任务

在实验三中，Prime 函数也可以在窗体模块中定义，若想被其他窗体使用，则必须将该函数定义成工程级（全局级），即使用 Public 声明。若将函数定义在 Form1 窗体模块中，试修改上面的实验代码，实现此功能。

2. 本作业用到的主要操作提示

要使用窗体中定义的全局变量、过程或函数等，必须指明全局变量、过程或函数等所隶属的窗体，即使用"窗体名.过程名"等。

综合练习

一、单项选择题

1. 以下关于过程的描述中错误的是_____。

    A. 过程可以被反复调用，从而避免重复编程，缩短开发周期

    B. 过程能够独立完成特定的功能，可以提高程序的模块化和可读性

    C. 函数过程，不返回值，主要完成某种操作

    D. 过程的创建要遵从严格的语法，必须有开始和结束语句

2. 要在窗体代码编辑器的"通用"部分定义私有 Sub 过程，则正确的语句是_____。

    A. Public Sub   B. Private Sub

    C. Public Function   D. Private Function

3. 强制退出 Sub 过程的语句是_____。

    A. End Sub   B. Exit Function   C. Exit Sub   D. End Function

4. 下列说法错误的是_____。

    A. 过程的调用可以用"Call 过程名(参数列表)"的形式

    B. 函数调用可以采用"Call 函数名(参数列表)"的形式

    C. 过程调用可以直接通过"过程名 参数列表"这种形式调用

    D. 对象的事件过程也可调用

5. 下列关于参数的说法错误的是_____。

    A. 参数在过程定义时是形式参数

    B. 参数的默认传递方式是 ByVal

    C. 过程定义时，可以定义多个形式参数

    D. 调用过程时，实参数可以少于形参数

6. 下列说法正确的是_____。

    A. 按址传递，在调用过程时是将实际参数的值复制一份传递给形式参数

    B. 实参和形参按值传递后，形参和实参此时共用同一个内存地址

    C. 实参和形参按址传递后，形参和实参之间不再有任何联系

    D. 参数按址传递后，形参和实参共用一个内存地址

7. 工程 1 中，有窗体模块 Form1、Form2，标准模块 Module1，其中，在标准模块 Module1 中有全局级过程 Mysub1，在 Form2 中有全局级过程 Mysub2，下列用法中错误的是_____。

    A. Form1 模块中，直接调用 Mysub1   B. Form1 模块中，直接调用 Mysub2

    C. Form2 模块中，直接调用 Mysub2   D. Form2 模块中，直接调用 Mysub1

8. 为提高代码的模块化和可读性，可把多个窗体需要执行的公共代码独立出来，存放到一类模块中去，这类模块是_____。

    A. 窗体模块   B. 类模块   C. 标准模块   D. 全局模块

9. 下列对于全局级过程的说法正确的是_____。

    A. 窗体中的全局级过程在其他模块中可以直接调用

    B. 标准模块中的全局级过程可以直接调用

    C. 类模块中的全局级过程可以直接调用

    D. 各类模块中的全局级过程都不可以直接调用

10. 在窗体上添加一个命令按钮 Command1 和一个文本框 Text1，然后编写如下事件过程，程序运行后，单击命令按钮得到的结果是_____。

```
Sub p1 (ByVal a As Integer, ByVal b As Integer, c As Integer)
    c=a+b
End Sub

Private Sub Command1_Click ()
    Dim x As Integer, y As Integer, z As Integer
    x=5
    y=7
    z=0
    Call p1 (x, y, z)
    Text1.Text=Str (z)
End Sub
```

　　A. 0　　　　　　　　　B. 12　　　　　　　　C. Str (z)　　　　　D. 没有显示

11. 假定有如下 Sub 过程：

```
Sub swapp (x As Single, y As Single)
    t=x
    x=t/y
    y=t Mod y
End Sub
```

在窗体上添加一个命令按钮，然后编写如下事件过程：

```
Private Sub Command1_Click ()
    Dim a As Single
    Dim b As Single
    a=5: b=4
    swapp a, b
    Print a, b
End Sub
```

程序运行时，单击命令按钮得到的结果是_____。

　　A. 5　　　　　　4　　　　　　　　　　B. 1　　　　　　　　1
　　C. 1.25　　　　4　　　　　　　　　　D. 1.25　　　　　　1

12. 运行下列程序，单击命令按钮后的结果是_____。

```
Function fun (a As Integer)
    b=0
    Static c
    b=b+1
    c=c+1
    fun=a+b+c
End Function
```

```
Private Sub Command1_Click()
    Dim a As Integer
    a=2
    For i=1 To 3
        Sum=Sum+fun(a)
    Next i
    Print Sum
End Sub
```

　　A. 24　　　　　　　　　B. 12　　　　　　　C. 15　　　　　　　D. 32

13. 阅读程序：

```
Sub subp(b() As Integer)
    For i=1 To 4
        b(i)=2*i
    Next i
End Sub
```

在窗体上添加一个命令按钮，然后编写如下事件过程：

```
Private Sub Command1_Click()
    Dim a(1 To 4) As Integer
    a(1)=5: a(2)=6: a(3)=7: a(4)=8
    subp a
    For i=1 To 4
        Print a(i);
    Next i
End Sub
```

程序运行时，单击命令按钮得到的结果是_____。

　　A. 2　4　6　8　　　　　　　　　　B. 5　6　7　8
　　C. 10 12 14 16　　　　　　　　　　D. 出错

14. 假定有以下两个过程：

```
Sub s1(ByVal x As Integer, ByVal y As Integer)
    Dim t As Integer
    t=x
    x=y
    y=t
End Sub
Sub s2(x As Integer, y As Integer)
    Dim t As Integer
    t=x
    x=y
    y=t
End Sub
```

在窗体上添加一个命令按钮，然后编写如下事件过程：

```
Private Sub Command1_Click()
    Dim x%
    Dim y%
    x=1: y=2
    s2 x, y
    Print x, y
End Sub
```

程序运行时，单击命令按钮，则以下说法中正确的是_____。

A. 调用过程 S1 可以实现交换两个变量的值的操作，S2 不能实现

B. 调用过程 S2 可以实现交换两个变量的值的操作，S1 不能实现

C. 调用过程 S1 和 S2 都可以实现交换两个变量的值的操作

D. 调用过程 S1 和 S2 都不能实现交换两个变量的值的操作

15. 假定有以下函数过程：

```
Function Fun(S As String) As String
    Dim s1 As String
    For i=1 To Len(S)
        s1=UCase(Mid(S, i, 1))+s1
    Next i
    Fun=s1
End Function
```

在窗体上添加一个命令按钮，然后编写如下事件过程：

```
Private Sub Command1_Click()
    Dim str1 As String, str2 As String
    str1=InputBox("请输入一个字符串")
    str2=Fun(str1)
    Print str2
End Sub
```

程序运行后，单击命令按钮，在"输入"对话框中输入字符串"abc"，则输出结果为_____。

A. abc   B. cba   C. ABC   D. CBA

16. 一个工程中包含两个名称分别为 Form1、Form2 的窗体，一个名称为 Md1Func 的标准模块。假定在 Form1、Form2 和 Md1Func 中分别建立了自定义过程，其定义格式为：

Form1 中定义的过程：

```
Private Sub frmFunction1()
    ……
End Sub
```

Form2 中定义的过程：

```
Private Sub frmFunction2()
    ……
End Sub
```

MdlFunc 中定义的过程:

Public Sub md1Function()

     ……

End Sub

在调用上述过程的程序中,若不指明窗体或模块的名称,则以下叙述中正确的是_____。

    A. 上述三个过程都可以在工程中的任何窗体或模块中被调用

    B. frmFunction2 和 mdlFunction 过程能够在工程中各个窗体或模块中被调用

    C. 上述三个过程都只能在各自被定义的模块中调用

    D. 只有 Md1Function 过程能够被工程中各个窗体或模块调用

二、判断题(正确为**True**,错误为**False**)

1. Sub 子过程一般应用于不带返回值的情况,主要完成某种操作。 (　　)

2. Fuction 过程调用可以采用直接写过程名(参数列表)的形式。 (　　)

3. 在 VB 中,过程之间不允许嵌套调用。 (　　)

4. Private 声明的过程是模块级,只能在声明它的模块中被调用。 (　　)

5. 函数定义的结束语句是 End Sub。 (　　)

6. 全局级过程在工程中的任何一个模块都可以被调用。 (　　)

7. 窗体模块的全局级过程在被其他模块调用时,需指出该过程所隶属的窗体。 (　　)

8. 标准模块中的全局级过程在被其他模块调用时,必须在过程名前加上该过程所在的模块名。 (　　)

9. 调用不同标准模块中的同名全局级过程时,需在过程名前加上模块名。 (　　)

10. 调用过程时,实参不能为表达式。 (　　)

11. 数组作为参数时,必须定义为动态数组。 (　　)

12. 单个数组元素在过程调用时,不可以作为实参使用。 (　　)

13. 可选参数后的所有参数都必须是可选的。 (　　)

14. 在过程定义时,数组作为参数要求必须以 ByRef 方式传递,因此,要求形参和实参数组的数据类型必须要相同,否则就要出错。 (　　)

15. 子程序过程与事件过程的重要区别是:通用 Sub 过程不依附于某一对象,而事件过程必须是与某一对象相关联的。 (　　)

16. 在过程中不能再定义过程,但可以调用其他 Sub 过程或 Function 过程。 (　　)

17. 在定义了一个函数后,可以像调用任何一个 VB 内部函数一样使用它,即可以在任何表达式、语句或函数中调用它。 (　　)

18. 如果在过程调用时使用按值传递参数,则在被调过程中可以改变实参的值。 (　　)

19. 在过程定义中出现的变量名称为形式参数,而在调用过程时传送给过程的变量、常量或表达式称为实际参数。 (　　)

20. 数组作为自定义通用过程的参数时,一定是按地址传递。 (　　)

21. 当用 Call 语句调用 Sub 过程时,其过程名后不能加括号;若省略 Call 关键字,则过程名后必须加括号。 (　　)

22. 若使用语句 Sub myValue(ByVal a As Integer, b As Integer)定义一个过程,则形参 b 是按地址方式传递。 (　　)

第9章　鼠标与键盘事件

实验一　简单画板

一、实验目的及实验任务

1. 实验目的

利用标签、按钮等控件实现一个简单的画板程序，通过本实验，让学生掌握鼠标的 Click、MouseDown、MouseMove 三个事件的参数作用和具体使用方法，并掌握鼠标光标形状的设置方法。

2. 实验任务

打开光盘上的"实验结果\第 9 章\实验一\简单画板.vbp"，运行程序，了解实验任务，然后根据所学知识，设计简单的画板程序。

二、实验所需素材

本实验所需素材文件在配套光盘中的位置：实验素材\第 9 章\实验一\简单画板\pic。

三、实验操作过程

启动 VB，在弹出的"新建工程"对话框中，选择创建工程类型为"标准 EXE"，单击"打开"按钮，进入集成开发环境，如图 9-1 所示。

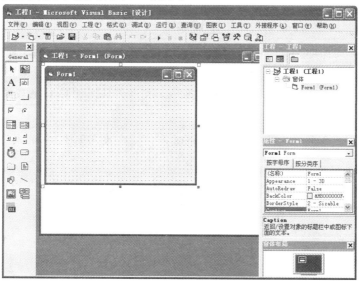

图 9-1　VB 集成开发环境

将工程保存为"简单画板.vbp"，并将本实验素材提供的 pic 文件夹复制到存放该工程的文件夹下。

1. 界面设计

1）窗体设计

设置窗体的 Caption 属性的值为"画板"，名称默认为 Form1。

2）画板画布设计

在窗体上放置一个标签，调整到合适大小作为画布（也可使用 Picture 控件作为画布），标签的属性设置见表 9-1。

表 9-1　标签属性设置

属 性 名	属 性 值	说　明
Name	Label1	标签名字
BackColor	&H00FFFFFF&	设置标签背景色为白色
BoderStyle	1-Fixed Single	边界为立体边框
Caption	空	标签呈空白画布效果

3）颜料板设计

在窗体上添加一个标签控件数组 Label2 作为颜料盒。设置数组中每个标签的 BackColor 属性为所需颜色，使标签数组成为颜料盒。同时，在颜料盒旁边添加一个标签 Label3 来显示从颜料盒中选定的颜色，更改 Label3 的 BorderStyle 属性值为 1-Fixed Single。

设计好后效果如图 9-2 所示。

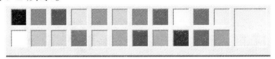

图 9-2　颜料盒效果

4）按钮设计

在窗体上添加一个按钮作为橡皮工具，按钮的属性设置如表 9-2 所示。

表 9-2　按钮属性设置

属 性 名	属 性 值	说　明
Name	Command1	按钮名称
Picture	（设置为自定义图片存放位置）	选择合适大小的橡皮图形作为按钮图片（见实验素材"橡皮擦.ico"）
Caption	空	
Style	1-Graphical	值为 1 时，允许带有自定义图片

设计好的界面效果如图 9-3 所示。

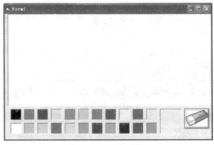

图 9-3　画板界面

程序运行时，在画图状态和擦图状态光标呈现不同的形状，画图和擦图时的光标形状效果分别如图 9-4 和 9-5 所示。

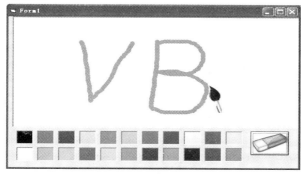

图 9-4　画笔鼠标形状

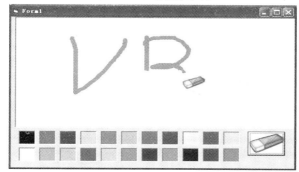

图 9-5　橡皮擦鼠标形状

2. 代码编写

（1）在代码窗口中，分别为按钮 Command1、标签 Label1、标签 Label2 和窗体编写如下事件过程：

"通用-声明"区代码：

Dim color As Double

Dim eraser As Boolean

Dim draw As Boolean

Private Sub Command1_Click()
　　eraser=True
　　draw=False
　　Label1.MousePointer=99
　　Label1.MouseIcon=LoadPicture(App.Path & "\pic\橡皮擦.ico") '改变鼠标指针形状
End Sub

Private Sub Form_Load()
　　eraser=False
　　DrawWidth=9
　　Label1.MousePointer=99
　　Label1.MouseIcon=LoadPicture(App.Path & "\pic\画笔.ico") '指定鼠标默认指针形状
End Sub

```
Private Sub Label1_MouseDown(Button As Integer, Shift As Integer, X As Single, Y As Single)
    CurrentX=X
    CurrentY=Y
End Sub

Private Sub Label1_MouseMove(Button As Integer, Shift As Integer, X As Single, Y As Single)
    If Button=vbLeftButton Then
        If draw Then Line -(X, Y), color
    End If
    If Button=vbLeftButton Then
        If eraser Then PSet (X, Y), Label1.BackColor
    End If
End Sub

Private Sub Label2_Click(Index As Integer)
    Label3.BackColor=Label2(Index).BackColor
    draw=True
    eraser=False
    color=Label2(Index).BackColor
    Label1.MousePointer=99
    Label1.MouseIcon=LoadPicture(App.Path & "\pic\画笔.ico")    '改变鼠标指针形状
End Sub
```

（2）编写窗体的 Resize 事件过程，使窗体大小改变时，画板各部分随窗体变化而变化，代码如下：

```
Private Sub Form_Resize()
    Label1.Width=Form1.Width-400
    Label1.Height=Form1.Height-1935
    For i=0 To 10
        Label2(i).Top=Form1.Height-1830
    Next
    For i=11 To 21
        Label2(i).Top=Form1.Height-1230
    Next
    Label3.Top=Form1.Height-1830
    Command1.Top=Form1.Height-1830
End Sub
```

最后，保存工程为"简单画板.vbp"，窗体为 Form1.frm。

四、实验分析及知识拓展

本实验主要让学生掌握鼠标事件 Click、MouseMove 和 MouseDown 的使用方法，并综合应用标签和按钮，实现简单画板的功能。除了本实验涉及的操作外，还要掌握鼠标的 DblClick

事件和 MouseUp 事件的使用方法。

　　此实验中用标签充当画布，实际上还可以利用图片框作为画布。若利用图片框作为画布，画图时 Line 方法的调用格式要做调整，如 Picture1.Line。在此实验的基础上，结合 Windows 系统的"画图"程序，还可以进一步完善自己所设计的画板程序的功能。比如，添加绘制直线、矩形、圆形等图形的功能。

五、拓展作业

1. 拓展作业任务

　　打开光盘上的"实验结果\第 2 章\拓展作业一\简单画板.vbp"，运行程序，了解实验任务，然后添加绘制直线、矩形、圆形等图形的功能，进一步理解鼠标事件 MouseUp、MouseMove、MouseDown 的使用方法。

2. 本作业用到的主要操作提示

　　圆、矩形、直线等绘图功能需结合标签 Label1 的 MouseUp、MouseMove、MouseDown 三个事件来实现。

　　绘制矩形功能需要用到 Line 方法，示例如下：

Line (x1, y1)-(x2, y2), color, B

　　其中参数 B 的作用为以 (x1, y1) 和 (x2, y2) 为对角画矩形。

　　绘制圆时，需要使用 Circle 方法，示例如下：

Circle (1000, 1000), 500, clolor

　　其作用为以 (1000, 1000) 为圆心，以 500 为半径，以 color 代表的颜色为圆的轮廓颜色画圆。

　　扩展功能后的画板效果如图 9-6 所示。

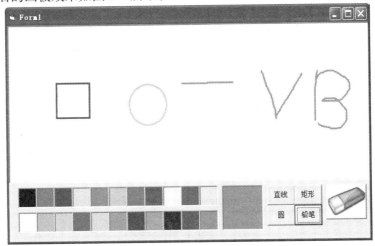

图 9-6　增加功能的画板界面

实验二　打地鼠

一、实验目的及实验任务

1. 实验目的

综合利用定时器、图片框、标签、按钮等控件制作一个简单的打地鼠小游戏。通过本实验,让学生理解如何触发对象的简单鼠标事件 Click 和 DblClick,进而能灵活运用鼠标事件去解决实际问题,理解控件数组响应的事件过程中参数 Index 的作用,并能熟练运用定时器。

2. 实验任务

打开光盘上的"实验结果\第 9 章\实验二\打地鼠.vbp",运行程序,了解实验任务,然后根据提供的实验素材,设计"打地鼠"程序。要求游戏具有"开始"和"结束"按钮,地鼠出现时,单击目标,目标不消失但自动加分,双击目标则地鼠立即消失。若地鼠出现一秒内未及时敲击,则地鼠自动消失。

二、实验所需素材

本实验所需素材文件在配套光盘中的位置:实验素材\第 9 章\实验二\pic。

三、实验操作过程

1. 界面设计

1)窗体设计

设置窗体的 Caption 属性值为"打地鼠",名称默认为 Form1。更改窗体的 Picture 属性为游戏背景图片(可从实验素材中添加:实验素材\第 9 章\实验二\pic\打地鼠背景.jpg)。

2)图片框控件数组设计

在窗体上放置由六个图片框组成的控件数组,更改其 Picture 属性为指定的地鼠图片(可从实验素材中查找"地鼠.jpg"),并将每个图片框都调整到合适位置,使每个地鼠都处于一个洞口上方。图片框属性设置见表 9-3。

表 9-3　图片框属性设置

属 性 名	属 性 值	说 明
Name	Picture1	图片框数组名字
Picture	(指定地鼠图片的位置,见实验素材)	装载地鼠图片

3)定时器设计

在窗体上添加一个定时器控件,设置其 Interval 属性值为 300。

4)按钮设计

在窗体上添加两个按钮作为开关按钮,其属性设置见表 9-4。

表 9-4　按钮属性设置

控件名称	属 性 名	属 性 值
Command1	Caption	开始
Command2	Caption	结束

5)标签设计

在窗体上添加一个标签 Label1,用来显示游戏成绩,设置标签 Label1 的 Caption 属性为"得分:",并设置其 Visible 属性值为 False。

设计好的界面效果如图 9-7 所示。

图 9-7　"打地鼠"界面

2. 代码编写

在代码窗口中，分别为按钮 Command1、按钮 Command2、定时器 Timer1 和控件数组 Picture1 编写如下事件过程：

"通用-声明"区代码：

```
Dim score As Integer
Dim a As Integer
Dim t(5) As Date, t2 As Integer

Private Sub Command1_Click()
    Timer1.Enabled=True
    Label1.Visible=True
End Sub

Private Sub Command2_Click()
    End
End Sub

Private Sub Picture1_Click(Index As Integer)
    score=score+1
    Label1.Caption="得分：" & score
End Sub

Private Sub Picture1_DblClick(Index As Integer)
    Picture1(Index).Visible=False
End Sub

Private Sub Timer1_Timer()
    Randomize
    a=Int(6*Rnd())
    Picture1(a).Visible=True
    t(a)=Time
    For i=0 To 5                '地鼠出现后一秒内未点击则自动消失
        If Picture1(i).Visible=True Then
            t2=DateDiff("s", t(i), Time)
```

```
        If t2=1 Then Picture1(i).Visible=False
        End If
    Next
End Sub
```

最后，保存工程为"打地鼠.vbp"，窗体为 Form1.frm。

四、实验分析及知识拓展

本实验主要让学生掌握鼠标的 Click 事件和 DblClick 事件，通过综合运用标签、按钮、图片框和定时器等控件设计一个简单的小游戏。在本实验中，要注意的是，如果一个对象同时编写了 Click 事件和 DblClick 事件，则双击操作时 Click 事件和 DblClick 事件触发的先后顺序。本实验还可以进一步完善功能，比如可以增加选择游戏难度的功能。

五、拓展作业

1. 拓展作业任务

打开光盘上的"实验结果\第 9 章\拓展作业二\打地鼠.vbp"，运行程序，了解实验任务，然后添加设置游戏级别的功能，可以选择游戏难度。

2. 本作业用到的主要操作

(1)在窗体上添加一个组合框 Combo1，设置其属性 Style 的值为 2。

(2)编写 Combo1 的单击事件，使得游戏进行时，可选择不同难度(更改定时器的 Interval 属性值来改变游戏难度)。添加组合框后，界面效果如图 9-8 所示。

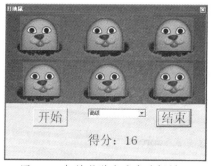

图 9-8　打地鼠游戏难度选择界面

实验三　指法练习

一、实验目的及实验任务

1. 实验目的

利用标签设计一个指法练习的程序。通过本实验，让学生深入理解键盘事件 KeyDown 和 KeyUp 的区别及其触发原理，进而让学生能灵活运用键盘事件去解决实际问题。

2. 实验任务

打开光盘上的"实验结果\第 9 章\实验三\指法练习.vbp"，运行程序，了解实验任务，然后设计指法练习的游戏。游戏要求为按下键盘上的字母键时，屏幕上相应的字母键呈红色显示，释放字母按键时，相应字母键恢复为原来的颜色。

二、实验操作过程

1. 界面设计

1) 窗体设计

设置窗体的 Caption 属性值为"指法练习",名称默认为 Form1。

2) 按钮设计

在窗体上添加由 26 个标签组成的标签控件数组 Label1,更改标签的 Caption 属性值,使每个标签代表一个字母键。同时设置标签的 BorderStyle 属性值为 1-Fixed Single。改变标签位置,使其排列顺序与键盘字母键的排列顺序一致。

设计好的界面如图 9-9 所示。

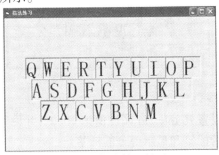

图 9-9　指法练习界面

2. 代码编写

在代码窗口中,为窗体编写如下事件过程:

```
Dim i As Integer          '模块级变量

Private Sub Form_KeyDown(KeyCode As Integer, Shift As Integer)
    i=KeyCode-65
    If i>=0 And i<=25 Then
        Label1(i).BackColor=vbRed
    End If
End Sub

Private Sub Form_KeyUp(KeyCode As Integer, Shift As Integer)
    i=KeyCode-65
    If i>=0 And i<=25 Then
        Label1(i).BackColor=Form1.BackColor
    End If
End Sub
```

保存工程为"指法练习.vbp",窗体为 Form1.frm。

三、实验分析及知识拓展

本实验主要让学生熟悉键盘事件 KeyDown 和 KeyUp,掌握事件参数的具体含义,并能灵活运用事件去解决问题。在此实验基础上,学生还要了解键盘事件 KeyPress 的使用方法。此游戏的功能可以进一步完善,比如可随机生成任意一个字母,根据生成的字母来敲击字母键。同时,程序可以计分,若按下的字母键和随机生成的字母一致,则自动加分并显示得分。

还可以添加游戏难度选择的功能。

四、拓展作业

1. 拓展作业任务

打开光盘上的"实验结果\第 9 章\拓展作业三\指法练习.vbp",运行程序,了解实验任务,然后编写代码。增加功能后的指法练习界面如图 9-10 所示。

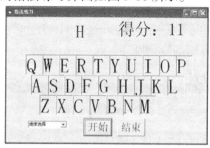

图 9-10　指法练习界面

2. 本作业用到的主要操作

(1)添加定时器控件,设置其 Interval 属性值为 1000,并设置其 Enabled 属性值为 False。
(2)添加显示随机字母的标签和显示得分的标签。
(3)添加两个按钮,控制游戏的开始和结束,并为两个按钮编写 Click 事件。
(4)添加一个组合框,实现游戏难度选择的功能,并为组合框编写 Click 事件。

实验四　接盘子

一、实验目的及实验任务

1. 实验目的

综合利用定时器、图片框、标签、按钮等控件设计一个接盘子的小游戏。通过本实验,让学生深入了解键盘事件 KeyDown 的使用方法,在此基础上,让学生能灵活运用键盘事件去解决实际问题。

2. 实验任务

打开光盘上的"实验结果\第 9 章\实验四\接盘子.vbp",运行程序,了解实验任务,然后根据提供的实验素材,设计接盘子游戏。要求游戏具有"开始"、"暂停"和"结束"按钮。游戏开始时,敲击键盘上的指定键(左、右方向键),可以使屏幕底部的托盘左右移动,以便接住不断从屏幕上方落下的盘子。如果接住了,则自动加分,并显示得分。

二、实验所需素材

本实验所需素材文件在配套光盘中的位置:实验素材\第 9 章\实验四\pic。

三、实验操作过程

1. 界面设计

1)窗体设计
设置窗体的 Caption 属性的值为"接盘子",名称默认为 Form1。
2)按钮设计

在窗体上添加三个命令按钮，其属性设置见表 9-5。

表 9-5 按钮属性设置

控件名称	属 性 名	属 性 值
Command1	Caption	开始
Command2	Caption	暂停
Command3	Caption	结束

3) 标签设计

在窗体上添加一个标签 Label1，用来显示游戏得分。更改 Label1 的 Caption 属性值为空。

4) 定时器设计

在窗体上添加一个定时器控件 Timer1，设置其 Interval 属性值为 100。

5) 图片框设计

在窗体顶部放置由四个图片框组成的图片框数组 Picture1，图片框用来显示盘子的图片。更改每个图片框的 Picture 属性为指定的盘子图片（见实验素材“盘子.jpg”），并设置每个图片框的 AutoSize 属性为 True。

在窗体底部添加一个图片框 Picture2，用来显示托盘图片，更改其 Picture 属性为指定的托盘图片（见实验素材“托盘.jpg”）。

设计好的界面效果如图 9-11 所示。

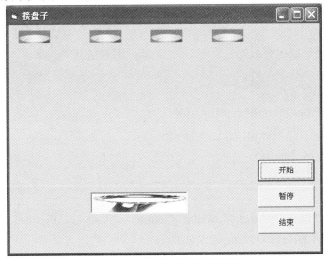

图 9-11 “接盘子”游戏界面

2. 代码编写

在代码窗口中，分别为按钮 Command1、按钮 Command2、按钮 Command3、定时器 Timer1 和图片框 Picture2 编写如下事件过程：

```
Dim a As Integer
Dim score As Integer                '定义两个模块级变量

Private Sub Command1_Click()
    Timer1.Enabled=True
    Picture2.SetFocus
End Sub
```

```
Private Sub Command2_Click()
    Timer1.Enabled=False
End Sub

Private Sub Command3_Click()
    Timer1.Enabled=False
    score=0
    Label1.Visible=False
End Sub

Private Sub Picture2_KeyDown(KeyCode As Integer, Shift As Integer)
    If KeyCode=vbKeyLeft Then        '按方向键 "←" 时托盘向左移动
        Picture2.Left=Picture2.Left-300
        If Picture2.Left<0 Then Picture2.Left=0
    End If
    If KeyCode=vbKeyRight Then        '按方向键 "→" 时托盘向右移动
        Picture2.Left=Picture2.Left+300
        If Picture2.Left>Form1.Width Then Picture2.Left=Form1.Width
    End If
End Sub

Private Sub Timer1_Timer()
    Randomize
    a=Int(4*Rnd())
    Picture1(a).Top=Picture1(a).Top+500
    If Picture1(a).Top>Form1.Height Then
        Picture1(a).Top=0
    End If
    For i=0 To 3
        If Picture2.Left-Picture1(i).Width<Picture1(i).Left And Picture1(i).Top+_
        Picture1(i).Height>=Picture2.Top Then
            Picture1(i).Top=0
            score=score+1
            Label1.Caption="得分：" & score
        End If
    Next
End Sub
```

保存工程为 "接盘子.vbp"，窗体为 Form1.frm。

四、实验分析及知识拓展

本实验主要让学生熟悉键盘事件 KeyDown，掌握事件参数的具体含义，并能通过综合运用标签、按钮、图片框和定时器等控件设计简单的小游戏。此游戏还可以完善功能，如游戏难度选择功能等。

五、拓展作业

1. 拓展作业任务

打开光盘上的"实验结果\第 9 章\拓展作业四\接盘子.vbp"，运行程序，了解实验任务，然后完善游戏的功能，使得游戏开始前可以选择游戏难度。

2. 本作业用到的主要操作

(1)在窗体上添加一个组合框 Combo1，设置其属性 Style 的值为 2。

(2)编写 Combo1 的单击事件，使得游戏进行时，可选择不同难度(更改定时器的 Interval 属性值来改变游戏难度)。

实验五　拼　　图

一、实验目的及实验任务

1. 实验目的

综合利用图片框、按钮等控件设计一个拼图小游戏。通过本实验，让学生综合掌握鼠标事件 Click、MouseDown 和键盘事件 KeyDown 的使用方法，在此基础上，让学生能灵活运用键盘事件去解决实际问题。

2. 实验任务

打开光盘上的"实验结果\第 9 章\实验五\拼图.vbp"，运行程序，了解实验任务，然后根据提供的实验素材，设计拼图游戏。要求游戏可任意打乱图片顺序，并可通过键盘的四个方向键移动当前选中的图片。

二、实验所需素材

本实验所需素材文件在配套光盘中的位置：实验素材\第 9 章\实验五\pic。

三、实验操作过程

1. 界面设计

1)窗体设计

设置窗体的 Caption 属性的值为"拼图"，名称默认为 Form1。更改窗体的背景色为淡蓝色。

2)按钮设计

在窗体上添加一个按钮，名称为 Command1。更改按钮的 Picture 属性为指定图标(注意：要先更改按钮的 Style 属性值为 1)。此按钮的作用为打乱图片框的位置顺序。

3)图片框设计

创建一个由六个图片框组成的控件数组 Picture1，设置每个图片框的 BorderStyle 属性值为 0，并设置所有图片框的 Picture 属性为指定的图片(见实验素材：101.bmp、102.bmp、103.bmp、201.bmp、202.bmp、203.bmp)。设置完后的界面效果如图 9-12 所示。

图 9-12　拼图界面

2. 代码编写

在代码窗口中，分别为按钮 Command1、图片框数组 Picture1 编写如下事件过程：

```
Dim a As Integer,
Dim sel As Integer                    '定义两个模块级变量

Private Sub Command1_Click()
    Randomize
    For i=0 To 5                      '随机改变图片框的位置
        a=Int(6*Rnd())
        t=Picture1(i).Top
        L=Picture1(i).Left
        Picture1(i).Left=Picture1(a).Left
        Picture1(i).Top=Picture1(a).Top
        Picture1(a).Left=L
        Picture1(a).Top=t
    Next
End Sub

Private Sub Picture1_KeyDown(Index As Integer, KeyCode As Integer, Shift As Integer)
    If KeyCode=vbKeyLeft Then
        Picture1(sel).Left=Picture1(sel).Left-95
    ElseIf KeyCode=vbKeyRight Then
        Picture1(sel).Left=Picture1(sel).Left+95
    ElseIf KeyCode=vbKeyUp Then
        Picture1(sel).Top=Picture1(sel).Top-95
    ElseIf KeyCode=vbKeyDown Then
        Picture1(sel).Top=Picture1(sel).Top+95
    End If
End Sub

Private Sub Picture1_MouseDown(Index As Integer, Button As Integer, Shift As Integer, X As
```

Single, Y As Single)

      sel=Index

End Sub

保存工程为"拼图.vbp"，窗体为 Form1.frm。

四、实验分析及知识拓展

本实验主要让学生在理解鼠标事件和键盘事件的基础上，综合运用鼠标事件 Click、MouseDown 和键盘事件 KeyDown 去设计一个简单的小游戏。此游戏还可以完善功能，通过鼠标拖动图片到指定位置，具体方位为设置各个图片框的 DragMode 属性为 0(手工模式)，然后在图片框的 MouseDown 事件中调用 Drag 方法开始拖放。Drag 方法的调用格式为：

对象.Drag

例如：picture1(index).drag。

拖动到目标位置时，若希望释放鼠标键后改变源对象的位置，需在目标对象的 DragDrop 事件中编写代码来移动源对象。例如：

Source.Move x, y

其中 Source 指被拖动的对象。

五、拓展作业

1. 拓展作业任务

打开光盘上的"实验结果\第 9 章\拓展作业五\拼图.vbp"，运行程序，了解实验任务，然后完善游戏的功能，使得拼图游戏还可以使用鼠标拖动图片到达目标位置。

2. 本作业用到的主要操作

(1)设置图片框的 DragMode 属性为 0(默认为 0)。

(2)在图片框的 MouseDown 事件中添加调用 Drag 方法的代码。

(3)在目标对象(此例中为窗体 Form1)的 DragDrop 事件中添加移动源对象的代码。

综合练习

一、单项选择题

1. 以下对 KeyPress 事件的描述正确的是_____。

  A. KeyPress 事件有两个参数

  B. KeyPress 事件识别的是键盘上的物理键

  C. KeyPress 事件一般优先于 KeyDown 事件触发

  D. KeyPress 事件能区分同一键的大小写状态

2. 以下对 KeyDown 事件的描述正确的是_____。

  A. KeyDown 事件只有一个参数

  B. KeyDown 事件不能识别键盘上的物理键

  C. KeyDown 事件一般优先于 KeyUp 事件触发

  D. KeyDown 事件能区分同一键的大小写状态

3. 以下对 KeyUp 事件的描述正确的是_____。

  A. KeyUp 事件只有一个参数

B. KeyUp 事件识别的是键盘上的物理键

C. KeyUp 事件一般优先于 KeyPress 事件触发

D. KeyUp 事件能区分同一键的大小写状态

4. VB 中有 KeyPress、KeyDown、KeyUp 三个键盘事件，若光标在 Text1 文本框中，则每输入一个字母_____。

A. 这三个事件都会触发　　　　　　B. 只触发 KeyPress 事件

C. 只触发 KeyDown、KeyUp 事件　　D. 不触发其中任何一个事件

5. 若看到程序中有以下事件过程，则可以肯定的是，当程序运行时，_____。

Private Sub Obj_MouseDown（Button As Integer, Shift As Integer, X As Single, Y As Single）

    Print "VB program"

End Sub

A. 用鼠标左键单击名称为 Command1 的命令按钮时，执行此过程

B. 用鼠标左键单击名称为 MouseDown 的命令按钮时，执行此过程

C. 用鼠标右键单击名称为 MouseDown 的命令按钮时，执行此过程

D. 用鼠标左键或右键单击名称为 Obj 的控件时，执行此过程

6. 以下叙述中错误的是_____。

A. 双击鼠标可以触发 DblClick 事件

B. 窗体或控件的事件的名称可以由编程人员确定

C. 移动鼠标时，会触发 MouseMove 事件

D. 控件的名称可以由编程人员设定

7. 窗体的 MouseDown 事件过程

Form_MouseDown（Button As Integer, Shift As Integer, X As Single, Y As Single）

有 4 个参数，关于这些参数，正确的描述是_____。

A. 通过 Button 参数判定当前按下的是哪一个鼠标键

B. Shift 参数只能用来确定是否按下 Shift 键

C. Shift 参数只能用来确定是否按下 Alt 和 Ctrl 键

D. 参数 x, y 用来设置鼠标当前位置的坐标

8. 如果在 MouseDown 事件过程中，Button 的值为 2，则对应的鼠标按钮是_____。

A. 鼠标左键被按下　　　　　　　　B. 鼠标右键被按下

C. 鼠标中键被按下　　　　　　　　D. 同时按下鼠标的左键和右键

9. MouseUp 事件中，Button 参数的二进制串 100 代表的是_____。

A. 只按下了鼠标左键　　　　　　　B. 只按下了鼠标中键

C. 按下了鼠标右键　　　　　　　　D. 三键全按下

10. MouseUp 事件中，Shift 参数的二进制串 100 代表的是_____。

A. 按下了 Shift 键　　　　　　　　B. 按下了 Ctrl 键

C. 按下了 Alt 键　　　　　　　　　C. 以上三键全按下

11. 以下关于 KeyPress 事件过程中参数 KeyAscii 的叙述正确的是_____。

A. KeyAscii 参数是所按键的 ASCII 码

B. KeyAscii 参数的数据类型为字符串

C. KeyAscii 参数可以省略

D. KeyAscii 参数是所按键上标注的字符

12. 编写如下事件过程：

Private Sub Form_MouseDown(Button As Integer, Shift As Integer, _X As Single, Y As Single)

　　If Shift=6 And Button=2 Then

　　　　Print "Hello"

　　End If

End Sub

程序运行后，为了在窗体上输出"Hello"，应在窗体上执行以下_____操作。

　　A. 同时按下 Shift 键和鼠标左键

　　B. 同时按下 Shift 键和鼠标右键

　　C. 同时按下 Ctrl、Alt 键和鼠标左键

　　D. 同时按下 Ctrl、Alt 键和鼠标右键

二、判断题（正确为**True**，错误为**False**）

1. KeyPress 事件将字母大小写作为两种不同的键代码解释。　　　　　　　（　　）

2. 同一字母的大小写对应的 KeyUp 事件相同。　　　　　　　　　　　　（　　）

3. KeyDown 事件不能识别以组合键形式触发的键盘事件。　　　　　　　（　　）

4. KeyPress 事件中的 KeyAscii 参数用来识别按键，所以"A"和"a"对应的 KeyAscii 参数不相同。　　　　　　　　　　　　　　　　　　　　　　　　　　　（　　）

5. 数字大键盘和右侧的数字小键盘对应的同一数字的 KeyCode 参数相同。　（　　）

三、操作题

程序的功能是通过文本框控件 txtInput 输入城市的名称，并添加列表框控件 lstCity 作为其中的列表项；当鼠标双击列表框中选定的列表项时，从列表框中移除选定的列表项。程序运行时的界面如图 9-13 所示。

图 9-13　操作题图例

要求：

(1)窗体激活时，首先将焦点定位到文本框控件 txtInput 中；

(2)在文本框中按回车键时，如果文本框的内容不为空，则作为列表框的一项添加到列表框中。

第10章 界面设计

实验一 记事本

一、实验目的及实验任务

1. 实验目的

（1）学习综合运用菜单、标签、通用对话框等控件，及选择、循环程序结构，完善"记事本"程序的功能。

（2）运用过程编程机制，将重复代码编写为独立的过程，简化程序。

（3）利用文本框等的鼠标、键盘事件过程，实现进一步的功能要求。

2. 实验任务

打开光盘上的"实验结果\第 10 章\实验一\记事本.vbp"，运行程序，了解实验任务。该程序是在第4章实验三的基础上，实现或完善以下功能：

（1）"文件"菜单中的"打开"、"新建"、"打印"及"格式"菜单中的"字体"功能。

（2）根据文本框中用户是否选中了子字符串，随时调整"编辑"菜单中各菜单的可用状态（有效状态），如只有选中了子串时，才可以使用"剪切"、"复制"、"删除"功能。

以上功能的实现细节可参考 Windows 的"记事本"程序。

二、实验操作过程

1. 界面设计
与第 2 章中实验三的界面相同。

2. 窗体属性设置
与第 2 章中实验三的属性设置相同。

3. 代码编写
"通用-声明"区代码：

```
Option Explicit
Dim selectText As String
Dim fName As String
Dim changeState As Boolean

Private Sub mnu_Disable()   '设置"剪切"、"复制"、"粘贴"和"删除"菜单命令不可用
    mnuCut.Enabled=False
    mnuCopy.Enabled=False
    mnuPaste.Enabled=False
    mnuDel.Enabled=False
```

```
End Sub

Private Sub mnu_Enable()
    '选择文本后，设置"剪切"、"复制"、"粘贴"和"删除"菜单的可用状态
    If Text1.SelText="" Then
        mnuCopy.Enabled=False
        mnuCut.Enabled=False
        mnuDel.Enabled=False
    Else
        mnuCopy.Enabled=True
        mnuCut.Enabled=True
        mnuDel.Enabled=True
    End If
    If selectText="" Then
        mnuPaste.Enabled=False
    Else
        mnuPaste.Enabled=True
    End If
End Sub

Private Sub Form_Load()
    Call mnu_Disable
End Sub

Private Sub Form1_MouseUp(Button As Integer, Shift As Integer, x As Single, Y As Single)
    If Button=2 Then                     '检测是否单击了鼠标右键
        PopupMenu mnuFontColor, 4, 1000, 1000, mnuRed
    End If
End Sub

Private Sub Form_Resize()
    Text1.Height=Form1.ScaleHeight
    Text1.Width=Form1.ScaleWidth
End Sub

Private Sub mnuCopy_Click()
    selectText=Text1.SelText             '用鼠标选中的文本放在 selectText 中
    Call mnu_Enable
End Sub

Private Sub mnuCut_Click()
    selectText=Text1.SelText
    Text1.SelText=""                     '选中的文本置空
```

```
        Call mnu_Enable
    End Sub

    Private Sub mnuDel_Click()
        Text1.SelText=""
        Call mnu_Enable
    End Sub

    Private Sub mnuExit_Click()
        Dim x As Integer
        Dim ass As String
        If changeState=True Then
            x=MsgBox("文件" & fName & "的文字已经改变。" _
            & Chr(13) & Chr(13) & "想保存文件吗？", 3+48+0, "编辑器")
            Select Case x
                Case 6:
                    If fName="" Then
                        Cd1.Filter="文本文件(*.txt)|*.txt|所有文件(*.*)|*.*"
                        Cd1.DefaultExt="txt"                '选*.*时的默认文件保存类型
                        Cd1.FileName="*.txt"
                        Cd1.ShowSave
                        If Cd1.FileName<>"*.txt" Then
                            fName=Cd1.FileName
                            Open fName For Output As #1      'Output 写入文件方式
                            ass=Text1.Text
                            Print #1, ass                   '将 ass 中的内容存入文件中
                            Close #1
                            changeState=False
                        End If
                    Else
                        Open fName For Output As #1          'Output 写入文件方式
                        ass=Text1.Text
                        Print #1, ass                       '将 ass 中的内容存入文件中
                        Close #1
                        changeState=False
                    End If
                    End
                Case 7:
                    End
                Case 2:
                    Exit Sub
```

```
            End Select
        Else
            End
        End If
End Sub

Private Sub mnuFont_Click()
        Cd1.Flags=cdlCFBoth Or cdlCFEffects    '该语句是必需的
        Cd1.ShowFont
        Text1.FontName=Cd1.FontName                '字体必须要选定，且选择前面无@的中文字体
        Text1.FontSize=Cd1.FontSize
        Text1.FontBold=Cd1.FontBold
        Text1.FontItalic=Cd1.FontItalic
        Text1.FontStrikethru=Cd1.FontStrikethru
        Text1.FontUnderline=Cd1.FontUnderline
        Text1.ForeColor=Cd1.Color
End Sub

Private Sub mnunew_Click()
    Dim x As Integer
    If changeState=True Then
        x=MsgBox("文件" & fName & "的文字已经改变。" _
        & Chr(13) & Chr(13) & "想保存文件吗？ ", 3+48+0, "编辑器")
        Select Case x
            Case 6:
                Call mnuSave_Click
            Case 7:
            Case 2:
                Exit Sub
        End Select
    End If
    Text1=""
    fName=""
    changeState=False
End Sub

Private Sub mnuOpen_Click()
    Dim inputdata As String
    Dim x As Integer
    If changeState=True Then
        x=MsgBox("文件" & fName & "的文字已经改变。" _
```

```
            & Chr(13) & Chr(13) & "想保存文件吗？", 3+48+0, "编辑器")
        Select Case x
            Case 6:
                Call mnuSave_Click
            Case 7:
            Case 2:
                Exit Sub
        End Select
    End If
    Cd1.Filter="文本文件(*.txt)|*.txt|所有文件(*.*)|*.*"
    Cd1.FilterIndex=1
    Cd1.DefaultExt="txt"
    Cd1.FileName="*.txt"
    Cd1.ShowOpen                    '找到要打开的文件
    If Cd1.FileName<>"*.txt" Then
        fName=Cd1.FileName
        Text1.Text=""               '如果将打开的文本内容添加到当前文本之后，此语句省略
        Open fName For Input As #1   '有关文件操作可参见第 13 章，Input 是读入文件
        Do While EOF(1)=False        '没有到文件尾
            Line Input #1, inputdata  '读入一行文本存放在内存变量 inputdata 中
            Text1.Text=Text1.Text+inputdata+Chr(13)+Chr(10)
        Loop
        Close #1
        changeState=False
    End If
End Sub

Private Sub mnuPaste_Click()
    Text1.SelText=selectText        '将复制或剪切的文本插入到当前光标处
    Call mnu_Enable
End Sub

Private Sub mnuPrint_Click()
    Cd1.ShowPrinter
End Sub

Private Sub mnuSave_Click()
    Dim ass As String
    If fName="" Then
        Call mnuSaveAs_Click
    Else
```

```
        Open fName For Output As #1          'Output 写入文件方式
        ass=Text1.Text
        Print #1, ass                        '将 ass 中的内容存入文件中
        Close #1
        changeState=False
    End If
End Sub

Private Sub mnuSaveAs_Click()
    Dim ass As String
    Cd1.Filter="文本文件(*.txt)|*.txt|所有文件(*.*)|*.*"
    Cd1.DefaultExt="txt"                     '选*.*时的默认文件保存类型
    Cd1.FileName="*.txt"
    Cd1.ShowSave
    If Cd1.FileName<>"*.txt" Then
        fName=Cd1.FileName
        Open fName For Output As #1          'Output 写入文件方式
        ass=Text1.Text
        Print #1, ass                        '将 ass 中的内容存入文件中
        Close #1
        changeState=False
    End If
End Sub

Private Sub Text1_Change()
    changeState=True
End Sub

Private Sub Text1_GotFocus()
    Call mnu_Enable
End Sub

Private Sub Text1_click()
    Call mnu_Enable
End Sub

Private Sub Text1_KeyUp(KeyCode As Integer, Shift As Integer)
    Call mnu_Enable
End Sub
```

三、实验分析及知识拓展

(1)本实验在第 4 章\实验三"记事本——文件操作"的基础上，修改"文件"菜单中的

"打开"菜单项的功能。当选择菜单项"打开"时，如果文本框中的内容未被修改过，则直接显示"打开"对话框。如果文本框中的内容被修改过，则显示 MsgBox 询问用户是否需要保存，用户可选择"是"、"否"、"取消"。如果选择"是"，则调用"保存"菜单项的 mnuSave_Click() 事件过程；如果选择"否"，则显示"打开"对话框；如果选择"取消"，则返回编辑窗口。

　　(2)当选择菜单项"新建"时，与选择菜单项"打开"的执行过程类似，只是不需要读入文件，而是把文本框清空即可。

　　(3)"记事本"中的编辑功能，包括"剪切"、"复制"、"粘贴"、"删除"，不是任何时候都可以使用的，比如，只有在文本框中选中某子串时，才能执行"剪切"、"复制"和"删除"，未选中子串时，这些菜单项应为灰色，即不可用状态(Enabled 属性为 False)。同样，只有当缓存变量 SelectText 中存有"剪切"或"复制"好的信息时，才能进行"粘贴"。因为选中子串使用鼠标或键盘操作，所以可以在文本框的鼠标和键盘事件过程中，对相关变量或属性值进行判断，以修改各"编辑"菜单项的可用状态。另外，执行完一菜单项后，文本框的状态也会有变化，如"剪切"后，被选中的子串即被清除，所以也要重新修改各"编辑"菜单项的可用状态。上述功能的实现，使用了鼠标/键盘事件过程。具体如下：

　　① 当程序启动时，各"编辑"菜单项均为不可用状态。

　　② 因为在文本框的鼠标/键盘事件发生后，及各"编辑"菜单项的单击事件发生后，都需要重新设置菜单项的可用状态(Enabled 属性)，所以我们把设置操作编写为一个独立的过程 mnu_Enable()，被其他事件过程调用。

　　③ 选中子串的操作，除了使用鼠标外，还可以使用 Shift+箭头，因为这些键不能被 KeyPress 事件识别，所以不能使用 KeyPress 事件过程，可以使用 KeyUp 或 KeyDown 事件过程。

四、拓展作业

1. 拓展作业任务

打开光盘上的"实验结果\第 10 章\拓展作业一\记事本.vbp"，运行程序，了解实验任务，然后添加全选、时间/日期功能。

2. 本作业用到的主要操作提示

(1)全选功能需使用文本框的 SelStart 和 SelLength 属性，属性设置代码如下：

Text1.SelStart=0

Text1.SelLength=Len(Text1.Text)

(2)在文本框中插入时间/日期时，只显示时、分及年月日，不显示秒，可以使用语句：

Text1.SelText=Mid(Time, 1, 5) & " " & Date

实验二　通讯录

一、实验目的及实验任务

1. 实验目的

综合利用 MDI 窗体、菜单、文本框、标签、Data 控件制作一个简单的通讯录程序。通过本实验，让学生掌握多文档界面的设计和使用方法、自定义对话框的使用方法，熟练运用菜单，并能使用 Data 控件访问数据库中的信息。

2. 实验任务

打开光盘上的"实验结果\第 10 章\实验二\通讯录.vbp",运行程序,了解实验任务,然后根据提供的实验素材,设计通讯录程序。要求程序具有密码验证功能,密码输入正确后可以查看通讯录内容,同时要求程序具有修改密码的功能。

二、实验所需素材

本实验所需素材文件在配套光盘中的位置:实验素材\第 10 章\实验二\通讯录。

三、实验操作过程

新建一个 VB 工程,将工程保存为"通讯录.vbp",并在存放该工程的文件夹下建立子文件夹 data(用于存放密码文件"Pass.txt"和数据库文件"通讯录.mdb",这两个文件在实验素材中提供)。

1. 界面设计

1)窗体设计

添加四个窗体和一个 MDI 窗体,其中 Form2 和 Form3 设置为自定义对话框。各个窗体的属性设置见表 10-3。

表 10-3　窗体属性设计

控 件	属 性 名	属 性 值	说 明
MDI 窗体	Caption	通讯录	窗体标题
	Name	MDIForm1	窗体名字
窗体 1	Caption	通讯录	窗体标题
	Name	Form1	窗体名字
窗体 2	Caption	登录	窗体标题
	Name	Form2	窗体名字
	BoderStyle	1-Fixed Single	窗体大小不可改变
	ControlBox	False	不显示控件菜单栏
窗体 3	Caption	修改密码	窗体标题
	Name	Form3	窗体名字
	BoderStyle	1-Fixed Single	窗体大小不可改变
	ControlBox	False	不显示控件菜单栏
	MDIChild	True	是 MDI 子窗体
窗体 4	Caption	通讯录	窗体标题
	Name	Form4	窗体名字
	MDIChild	True	是 MDI 子窗体

2)菜单设计

在 MDI 窗体上添加菜单,各菜单项的设计见表 10-4。

表 10-4　菜单属性设置

控 件	属 性 名	属 性 值
顶级菜单 1	Caption	密码管理
	Name	MnuMa
菜单项 11	Caption	修改
	Name	MnuMod
顶级菜单 2	Caption	通讯录
	Name	MnuAdd
菜单项 21	Caption	查看
	Name	MnuLk

菜单设计界面如图 10-4 所示。

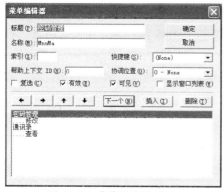

图 10-4　菜单设计界面

图 10-5　通讯录初始界面

3) 控件设计

在窗体 Form1 上添加一个标签控件 Label1 和一个按钮控件 Command1。设置 Label1 和 Command1 的 Caption 属性分别为"班级通讯录"和"登录"。窗体 Form1 的设计效果如图 10-5 所示。

在窗体 Form2 上添加标签控件、文本框控件和按钮控件，各控件属性的设置见表 10-5。

表 10-5　初始界面控件属性设置

控 件	属 性 名	属 性 值
标签	Caption	密 码：
	Name	Label1
文本框	Text	空
	Name	Text1
	PasswordChar	*
按钮 1	Caption	确定
	Name	Command1
按钮 2	Caption	取消
	Name	Command2

设计好的密码输入界面如图 10-6 所示。

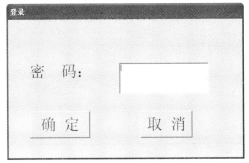

图 10-6 密码输入界面

需注意，正确的密码存放在指定的文本文档中，要事先在磁盘上建立该文档。本实验以在"pass.txt"中存放登录密码为例。

4) 修改密码设计

在窗体 Form3 上添加三个标签控件、三个文本框控件和两个按钮控件，各控件的属性设置见表 10-6。

表 10-6 修改密码界面属性设置

控 件	属 性 名	属 性 值
标签 1	Caption	原密码
	Name	Label1
标签 2	Caption	新密码
	Name	Label2
标签 3	Caption	新密码确认
	Name	Label3
文本框 1	Text	空
	Name	Text1
	PasswordChar	*
文本框 2	Text	空
	Name	Text2
	PasswordChar	*
文本框 3	Text	空
	Name	Text3
	PasswordChar	*
按钮 1	Caption	确定
	Name	Command1
按钮 2	Caption	取消
	Name	Command2

修改密码的界面效果如图 10-7 所示。

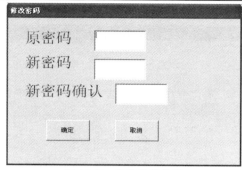

图 10-7　修改密码界面

5) 通讯录显示设计

在窗体 Form4 上添加 Data 控件，作为通讯录的数据来源。Data 控件可以和某个数据库关联，获取数据库中的数据信息。将工具箱上的 Data 控件 添加到窗体上，并将 Data 控件的名称属性设置为 "Data1"。

使用 Access 或使用 VB 的可视化数据管理器设计一个数据库 "通讯录.mdb"（可见实验素材），将其保存在恰当的目录。在该数据库中设计一个表，名为 "通讯录"，包括 "姓名"、"地址"、"电话" 和 "QQ 号码" 四个字段。

Data 控件的 DatabaseName 属性将决定从哪个数据库和表中获取信息。设置该属性值为以上数据库 "通讯录.mdb" 的完整路径，同时设置 Data 控件的 Caption 属性值为 "通讯录"。

在窗体 Form4 上添加 4 个标签控件和 4 个文本框控件。4 个文本框控件将作为数据绑定控件，通过设置文本框的 DataSource 和 DataField 属性，可以通过文本框来显示通过 Data 控件从数据库中取出的当前记录的某个字段的值。其中，DataSource 属性用来指定要绑定到的 Data 控件，DataField 属性用来指定要显示的一个有效字段。各个控件的属性设置见表 10-7。

表 10-7　通讯录显示界面控件属性设置

控　件	属性名	属性值	控　件	属性名	属性值
标签 1	Caption	姓名	文本框 2	Text	空
	Name	Label1		Name	Text2
标签 2	Caption	手机		DataSource	Data1
	Name	Label2		DataField	电话
标签 3	Caption	家庭住址	文本框 3	Text	空
	Name	Label3		Name	Text3
标签 4	Caption	QQ 号码		DataSource	Data1
	Name	Label4		DataField	地址
文本框 1	Text	空	文本框 4	Text	空
	Name	Text1		Name	Text4
	DataSource	Data1		DataSource	Data1
	DataField	姓名		DataField	QQ 号码

通讯录显示界面的效果如图 10-8 所示。

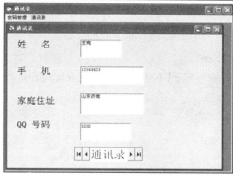

图 10-8　通讯录显示界面

2. 代码编写

在代码窗口中，为各个窗体及其控件编写如下事件过程：

(1)窗体 Form1 的事件过程如下：

Private Sub Command1_Click()

　　Form2.Show

End Sub

(2)窗体 Form2 的事件过程如下：

Dim pass As String

Private Sub Command1_Click()

　　Open App.Path & "\data\pass.txt" For Input As #1　　'pass.txt 为存放密码的文本文档

　　Input #1, pass

　　Close #1

　　If Text1.Text=pass Then

　　　　Unload Me

　　　　Unload Form1

　　　　MDIForm1.Show

　　Else

　　　　MsgBox "密码错误！请重新输入！"

　　　　Text1.SetFocus

　　　　Text1.SelStart=0

　　　　Text1.SelLength=Len(Text1.Text)

　　End If

End Sub

Private Sub Command2_Click()

　　End

End Sub

(3)窗体 Form3 的事件过程如下：

Private Sub Command1_Click()

　　Dim pass As String

　　Open App.Path & "\data\pass.txt" For Input As #1

```
        Input #1, pass
        Close #1
        If Text1.Text<>pass Then
            MsgBox "您输入的原密码不正确！", vbExclamation
            Text1.Text=""
            Text2.Text=""
            Text3.Text=""
            Text1.SetFocus
        End If
        If Text1.Text=pass Then
            If Text2.Text=Text3.Text Then
                pass=Text2.Text
                Open App.Path & "\data\pass.txt" For Output As #1
                Print #1, pass
                Close #1
                MsgBox "密码更改成功！", vbInformation
                Unload Me
            Else
                MsgBox "两次新密码输入不一致！", vbInformation
                Text2.SetFocus
            End If
        End If
    End Sub

    Private Sub Command2_Click()
        Unload Me
    End Sub
```

(4)窗体 Form4 的事件过程如下：

```
    Private Sub Form_Load()
        Data1.DatabaseName=App.Path & "\data\通讯录.mdb"    '设置 Data 控件数据源
    End Sub
```

(5)窗体 MDIForm1 的事件过程如下：

```
    Private Sub MnuLk_Click()
        Form4.Show
    End Sub

    Private Sub MnuMod_Click()
        Form3.Show
    End Sub
```

最后，保存工程为"通讯录.vbp"。

四、实验分析及知识拓展

本实验主要让学生掌握多文档界面的设计和使用方法以及菜单的设计使用，通过综合运用 MDI 窗体、菜单、自定义对话框、Data 控件、标签和文本框等控件设计一个简单的通讯录程序。在本实验中，学生可体验密码登录和密码修改的简单设计方法。

五、拓展作业

1. 拓展作业任务

打开光盘上的"实验结果\第 10 章\拓展作业二\通讯录.vbp"，运行程序，了解实验任务，然后添加修改通讯录的功能。

2. 本作业用到的主要操作

在 MDI 窗体的菜单"通讯录"建立一个子菜单"修改"，并编写如下代码：

```
Private Sub MnuMd_Click()
    Form4.Data1.EOFAction=2
End Sub
```

将 Data 控件的 EOFAction 属性设置为 2，Data 控件和数据绑定控件就可以自动添加、更新和删除记录。当移动数据超过最后的记录时，Data 控件会自动创建一个新记录，并允许输入数据。输入数据后，当移出记录时，将自动引发 Data 控件的更新事件并将新记录存储于数据库中。如果不添加数据就移出新记录，那么新记录将被丢弃。当 Data 控件的 EOFAction 属性值为 0 时，不能对记录进行添加、更新和删除操作，所以添加修改功能后，"查看"菜单的 Click 事件过程中需添加以下语句：

```
Form4.Data1.EOFAction=0
```

综合练习

一、单项选择题

1. 设菜单中有一个菜单项为"Open"。若要为该菜单命令设计访问键，即按下 Alt 及字母 O 时，能够执行"Open"命令，则在菜单编辑器中设置"Open"命令的方式是＿＿＿＿。

   A. 把 Caption 属性设置为"&Open"   B. 把 Caption 属性设置为"O&pen"

   C. 把 Name 属性设置为"&Open"   D. 把 Name 属性设置为"O&pen"

2. 一个菜单也是一个控件，＿＿＿＿。

   A. 具有属性、方法和事件   B. 有属性和事件

   C. 具有属性，无方法和事件   D. 其事件代码有操作系统定义，不可更改

3. 在设计弹出式菜单时，通常把顶级菜单项的 Visible 属性设置为＿＿＿＿。

   A. True   B. Visible   C. False   D. Enabled

4. 在用菜单设计器设计菜单时，必须输入的项是＿＿＿＿。

   A. 标题   B. 名称   C. 索引   D. 快捷键

5. 选中一个窗体，启动菜单编辑器的方法有＿＿＿＿。

   A. 单击工具栏中的"菜单编辑器"按钮

   B. 执行"工具"菜单中的"菜单编辑器"命令

   C. 按 Ctrl+M

　　D. 按 Shift+Alt+M

6. 如果要在菜单中添加一条分隔线，则应将其 Caption 属性设置为_____。

　　A. =　　　　　　　　B. *　　　　　　　　C. &　　　　　　　　D. -

7. 以下叙述中错误的是_____。

　　A. 在同一窗体的菜单项中，不允许出现标题相同的菜单项

　　B. 在菜单的标题栏中，"&"所引导的字母指明了访问该菜单项的访问键

　　C. 程序运行过程中，可以重新设置菜单的 Visible 属性

　　D. 弹出式菜单也在菜单编辑器中定义

8. 设在菜单编辑器中定义了一个菜单项，名为 Menu1。要在运行时隐藏该菜单项，应使用的语句是_____。

　　A. Menu1.Enabled=True　　　　　　　B. Munu1.Enabled=False

　　C. Menu1.Visible=True　　　　　　　D. Menu1.Visible=False

9. 允许在菜单项的左边设置打勾标记，下面的论述正确的是_____。

　　A. 在"标题"项中输入&然后打勾　　B. 在"索引"项中输入"√"

　　C. 在"复选"项中输入"√"　　　　　D. 在"有效"项中输入"√"

10. 菜单控件只包含一个事件，即_____，当用鼠标单击或键盘选中后按回车键触发该事件，除分隔条以外的所有菜单控件都能识别该事件。

　　A. GotFocus　　　　B. Load　　　　　C. Click　　　　D. KeyDown

11. 假定有一个菜单项，名为 MenuItem，要在运行时使该菜单项失效（变灰），应使用的语句为_____。

　　A. MenuItem.Enabled=False　　　　　B. MenuItem.Enabled=True

　　C. MenuItem.Visible=True　　　　　　D. MenuItem.Visible=False

12. 设计菜单时，在某菜单项（Caption）中一个字母前加"&"符号的含义是_____。

　　A. 设置该菜单项的"访问键"，可通过键盘操作 Ctrl+带下划线的字母选择该菜单项

　　B. 设置该菜单项的"访问键"，可通过键盘操作 Alt+带下划线的字母选择该菜单项

　　C. 设置该菜单项的"访问键"，可通过键盘操作 Shift+带下划线的字母选择该菜单项

　　D. 在此菜单项前加上选择标记

13. 在一个应用程序中，多个打开的文档可以共存，称为_____。

　　A. 单文档界面　　B. 多文档界面　　C. 多进程界面　　D. 多用户界面

14. MDI 窗体可以包括下列_____控件。

　　A. CommandButton　B. Frame　　　　C. PictureBox　　　D. Label

15. 当 MDI 子窗体最小化时，显示在_____。

　　A. MDI 窗体显示区的左下角　　　　　B. 操作系统任务栏

　　C. MDI 窗体控制区的左下角　　　　　D. 被隐藏

16. MDI 窗体使用 Arrange 方法排列其子窗体的方式不包括_____。

　　A. 层叠　　　　　　B. 水平平铺　　　　C. 垂直平铺　　　　D. 全部最大化

二、判断题（正确为 True，错误为 False）

1. 每个菜单项（不管哪一级）都可以视为一个控件对象。　　　　　　　　（　　）

2. 菜单控件既可以在菜单编辑器中建立，也可以通过工具箱建立。　　　（　　）

3. 可以为任意一级的菜单项添加快捷键。　　　　　　　　　　　　　　（　　）

4. 通过 Show 方法打开对话框时，可选择模式和无模式两种显示模式。　　　　　（　　）

5. 在 MDI 窗体中也可以设计菜单。　　　　　　　　　　　　　　　　　　（　　）

6. 一个 MDI 应用程序中，可以有多个标准窗体，也可以有多个 MDI 窗体。　　（　　）

7. MDI 窗体可以包含多个窗体，它们之间是一种"父子"关系。　　　　　　（　　）

8. 当标准窗体作为 MDI 窗体的子窗体时，需将其 MDIChild 属性置为 True。　（　　）

三、填空题

1. 菜单编辑器的"标题"选项对应于菜单控件的＿＿＿＿＿＿＿＿属性，"名称"框对应于菜单控件的＿＿＿＿＿＿＿＿属性，"索引"选项对应于菜单控件的＿＿＿＿＿＿＿属性，"复选"选项对应于菜单控件的＿＿＿＿＿＿＿＿属性，"有效"选项对应于菜单控件的＿＿＿＿＿＿＿属性，"可见"选项对应于菜单控件的＿＿＿＿＿＿＿＿属性。

2. 要在菜单中建立分隔条，应在菜单编辑器的＿＿＿＿＿＿＿＿选项中键入一个＿＿＿＿符号。

3. 为了能够通过键盘访问主菜单项，可在菜单编辑器的"标题"选项中的某字母前插入符号＿＿＿＿＿＿。运行时，该字母会带有下划线，按 Alt 键和该字母就可以访问相应的主菜单项。

4. 每次单击菜单编辑器中的"➡"按钮可以使选定的菜单项＿＿＿＿＿＿＿＿＿＿。

5. 要显示弹出式菜单，可以使用＿＿＿＿＿＿＿＿方法。

6. 要使用工具栏控件设计工具栏，应首先在"部件"对话框中选择＿＿＿＿＿＿＿＿＿，然后从工具箱中选择＿＿＿＿＿＿＿＿控件。

7. 设置工具栏控件的＿＿＿＿＿＿＿＿属性可以改变工具栏在窗体上的位置。

8. 要给工具栏按钮添加图像，应首先在＿＿＿＿＿＿＿＿控件中添加所需要的图像，然后在工具栏的属性页中选择与该控件相关联。

9. 在使用 Show 方法打开一个自定义模式对话框时，Show 方法后加的参数是＿＿＿＿＿＿。

四、操作题

在名称为 Form1 的窗体上建立一个名称为 txtDisplay 的文本框，然后建立一个名称为 mnuList 的主菜单，其子菜单项有三个，名称分别为 mnuOil、mnuFood、mnuEgg，它们的标题分别为"食用油"、"米面"和"鸡蛋"。程序运行后，界面如图 10-9 所示。

图 10-9　操作题图示

如果选择"食品列表"的下拉菜单项"食用油"，则在文本框 txtDisplay 中显示"保质期 18 个月"；如果选择"米面"，则在文本框中显示"保质期 12 个月"；如果选择"鸡蛋"，则在文本框中显示"保质期 1 个月"。

第11章　数据文件

实验一　随手记

一、实验目的及实验任务

1. 实验目的

综合利用标签、按钮、文本框、组合框等控件，模仿智能手机的热门应用"随手记"，设计一个简单的"随手记"程序。通过本实验，让学生进一步掌握顺序文件的打开、关闭及顺序文件的读写操作。

2. 实验任务

打开光盘上的"实验结果\第 11 章\实验一\随手记.vbp"，运行程序，了解实验任务，然后设计简单的"随手记"程序。程序可以按照支出和收入进行记账，支出和收入的账目将分别被保存到文本文档 out.txt 和 in.txt 中（这两个文档可以提前建好，也可以通过程序建立）。要求支出和收入分别有不同的账目类别，同时，程序可以按年份和月份查询支出和收入情况。

二、实验所需素材

本实验所需素材文件在配套光盘中的位置：实验素材\第 11 章\实验一\pic。

三、实验操作过程

新建一个 VB 工程。将工程保存为"随手记.vbp"，并在存放该工程的文件夹下建立子文件夹 data（用于存放生成的结果文件）。

1. 界面设计

添加 5 个窗体，设置各个窗体的 Caption 属性的值为"随手记"，名称为默认值，设置各个窗体的 Picture 属性为指定的图片（见实验素材：随手记首页.jpg）。

1）Form1 设计

在窗体 Form1 上添加一个按钮 Command1，其属性设置见表 11-1。

表 11-1　Form1 按钮属性设置

属 性 名	属 性 值	说 明
Name	Command1	按钮名字
Caption	记账	按钮上显示的文字
Style	1-Graphical	允许带有自定义图片
Picture	（实验素材指定图片：按钮背景.jpg）	设置背景图片

Form1 的界面效果如图 11-1 所示。

图 11-1 随手记 Form1 界面

2）Form2 设计

窗体的 Picture 属性为指定的图片（见实验素材：页面背景.jpg）。在窗体 Form2 上添加五个标签和两个按钮，其属性设置见表 11-2。

表 11-2 窗体 Form2 各控件属性

控 件	属 性 名	属 性 值	说 明
标签 1	Caption	空	标签标题，用于显示系统月份
	Name	Label1	标签名字
	Font	华文行楷 粗体 二号	设置字体、字形、大小
	BackStyle	0-Transparent	背景透明
标签 2	Caption	收入总额	标签标题
	Name	Label2	标签名字
	Font	华文行楷 粗体 二号	设置字体、字形、大小
	BackStyle	0-Transparent	背景透明
标签 3	Caption	支出总额	标签标题
	Name	Label3	标签名字
	Font	华文行楷 粗体 二号	设置字体、字形、大小
	BackStyle	0-Transparent	背景透明
标签 4	Caption	空	标签标题，用于显示收入总额
	Name	Label4	标签名字
	Font	华文行楷 粗体 二号	设置字体、字形、大小
	BackStyle	0-Transparent	背景透明
标签 5	Caption	空	标签标题，用于显示支出总额
	Name	Label5	标签名字
	Font	华文行楷 粗体 二号	设置字体、字形、大小
	BackStyle	0-Transparent	背景透明

续表 11-2

控 件	属 性 名	属 性 值	说 明
按钮 1	Caption	记一笔	按钮标题
	Name	Command1	按钮名字
	Style	1-Graphical	允许带有自定义图片
	Backcolor	&H0080C0FF&	设置按钮背景色
按钮 2	Caption	查看账目	按钮标题
	Name	Command2	按钮名字
	Style	1-Graphical	允许带有自定义图片
	Backcolor	&H0080C0FF&	设置按钮背景色

窗体 Form2 的界面效果如图 11-2 所示。

图 11-2　随手记 Form2 界面

3）Form3 设计

窗体的 Picture 属性为指定的图片（见实验素材：页面背景.jpg），并在 Form3 上添加组合框、标签、文本框和按钮等控件，各个控件的属性设置见表 11-3。

表 11-3　窗体 Form3 各控件属性

控 件	属 性 名	属 性 值	说 明
标签 1	Caption	类别	标签标题
	Name	Label1	标签名字
	Font	华文行楷 粗体 二号	设置字体、字形、大小
	BackStyle	0-Transparent	背景透明
标签 2	Caption	账户	标签标题
	Name	Label2	标签名字
	Font	华文行楷 粗体 二号	设置字体、字形、大小
	BackStyle	0-Transparent	背景透明
标签 3	Caption	时间	标签标题
	Name	Label3	标签名字
	Font	华文行楷 粗体 二号	设置字体、字形、大小
	BackStyle	0-Transparent	背景透明

控 件	属 性 名	属 性 值	说 明
文本框 1	Text	空	文本框中显示的文字
	Name	Text1	文本框名字
	Font	华文行楷 粗体 二号	设置字体、字形、大小
	MultiLine	True	允许输入多行
文本框 2	Text	请填写备注信息	文本框中显示的文字
	Name	Text2	文本框名字
	Font	华文行楷 粗体 二号	设置字体、字形、大小
	BackStyle	0-Transparent	背景透明
按钮 1	Caption	保存	按钮标题
	Name	Command1	按钮名字
	Style	1-Graphical	允许带有自定义图片
	Backcolor	&H0080C0FF&	设置按钮背景色
按钮 2	Caption	再记一笔	按钮标题
	Name	Command2	按钮名字
	Style	1-Graphical	允许带有自定义图片
	Backcolor	&H0080C0FF&	设置按钮背景色
组合框 1	Text	支出	组合框内显示的文字
	Name	Combo1	组合框名字
	BackColor	&H0080C0FF&	组合框背景色
组合框 2	Text	其他	组合框内显示的文字
	Name	Combo2	组合框名字
	BackColor	&H0080C0FF&	组合框背景色
组合框 3	Text	其他	组合框内显示的文字
	Name	Combo3	组合框名字
	BackColor	&H0080C0FF&	组合框背景色
组合框 4	Text	2012 年	组合框内显示的文字
	Name	Combo4	组合框名字
	BackColor	&H0080C0FF&	组合框背景色
组合框 5	Text	1 月	组合框内显示的文字
	Name	Combo5	组合框名字
	BackColor	&H0080C0FF&	组合框背景色
组合框 6	Text	1 日	组合框内显示的文字
	Name	Combo6	组合框名字
	BackColor	&H0080C0FF&	组合框背景色

Form3 的界面效果如图 11-3 所示。

图 11-3　随手记 Form3 界面

4）Form4 设计

窗体的 Picture 属性为指定的图片（见实验素材"页面背景.jpg"），并在窗体 Form4 上添加一个按钮 Command1，设置其 Style 属性为 1-Graphical，并设置其 BackColor 属性为"&H0080C0FF&"。然后用复制、粘贴的方法创建一个由 14 个按钮组成的控件数组。设置按钮 Command1（0）~Command1（9）的 Caption 属性分别为数字 0 到 9，按钮 Command1（10）~Command1（13）的 Caption 属性分别为"."、"×"、"C"和"OK"。再在窗体上添加一个文本框，名称为默认值，Text 属性设置为空，通过 Font 属性设置字形、字体、字号分别为华文行楷、粗体、二号。为了使文本框中的文字显示时为右对齐，设置文本框的 Alignment 属性值为"1-Right Justify"。

手工添加控件数组很费时间，也可以用 Load 命令添加控件数组的各个元素。

Form4 的界面效果如图 11-4 所示。

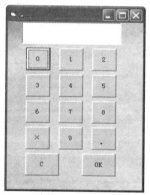

图 11-4　随手记 Form4 界面

5）Form5 设计

窗体的 Picture 属性为指定的图片（见实验素材：页面背景.jpg），并在窗体 Form5 上添加两个组合框（作为一个控件数组）和四个标签，各个控件的属性设置见表 11-4。

表 11-4　窗体 Form5 各控件属性

控　件	属 性 名	属 性 值	说　明
标签 1	Caption	支出	标签标题
	Name	Label1	标签名字
	Font	华文行楷 粗体 二号	设置字体、字形、大小
	BackStyle	0-Transparent	背景透明

续表 11-4

控　件	属　性　名	属　性　值	说　明
标签 2	Caption	收入	标签标题
	Name	Label2	标签名字
	Font	华文行楷 粗体 二号	设置字体、字形、大小
	BackStyle	0-Transparent	背景透明
标签 3	Caption	空	标签标题
	Name	Label3	标签名字
	Font	华文行楷 粗体 二号	设置字体、字形、大小
	BackStyle	0-Transparent	背景透明
标签 4	Caption	空	标签标题
	Name	Label4	标签名字
	Font	华文行楷 粗体 二号	设置字体、字形、大小
	BackStyle	0-Transparent	背景透明
组合框 1	Text	2012 年	组合框显示的文字
	Name	Combo1	组合框数组名字
	Font	华文行楷 粗体 二号	设置字体、字形、大小
组合框 2	Text	1 月	组合框显示的文字
	Name	Combo1	组合框数组名字
	Font	华文行楷 粗体 二号	设置字体、字形、大小

Form5 的界面效果如图 11-5 所示。

图 11-5　随手记 Form5 界面

2. 代码编写

在代码窗口中，为各个窗体及其控件编写如下事件过程：

(1)窗体 Form1 的事件过程如下：

"记账"按钮的 Click 事件过程：

```
Private Sub Command1_Click()
    Form2.Show
    Unload Me
```

```
End Sub

Private Sub Form_Load()
    Open App.Path & "\data\in.txt" For Append As #1      'App.Path 返回工程文件所在路径
    Close #1
    Open App.Path & "\data\out.txt" For Append As #1
    Close #1
End Sub
```

(2) 窗体 Form2 的事件过程如下：

"通用-声明" 区代码：

```
Dim rec(6) As String

Dim sum As Integer, out As Integer

Dim yea As Integer, mont As Integer
```

"记一笔" 按钮的 Click 事件过程：

```
Private Sub Command1_Click()
    Form3.Show
End Sub
```

"查看账目" 按钮的 Click 事件过程：

```
Private Sub Command2_Click()
    Form5.Show
End Sub

Private Sub Form_Load()
    Label1.Caption=Month(Date) & "月"
    mont=Month(Date)
    yea=Year(Date)
    Open App.Path & "\data\out.txt" For Input As #1
    If LOF(1)<>0 Then
       Do While Not EOF(1)
         Input #1, rec(0), rec(1), rec(2), rec(3), rec(4), rec(5), rec(6)
         If yea=Val(rec(3)) And mont=Val(Left(rec(4), 1)) Then
            out=out+rec(0)
         End If
       Loop
    End If
    Close #1
    Open App.Path & "\data\in.txt" For Input As #1
    If LOF(1)<>0 Then
       Do While Not EOF(1)
          Input #1, rec(0), rec(1), rec(2), rec(3), rec(4), rec(5), rec(6)
```

```
            If yea=Val(rec(3)) And mont=Val(Left(rec(4),1)) Then
                sum=sum+rec(0)
            End If
        Loop
    End If
    Close #1
    Label5.Caption=out
    Label4.Caption=sum
End Sub
```

(3) 窗体 Form3 的事件过程如下:

```
Private Sub Form_Load()
    Combo1.AddItem "支出"
    Combo1.AddItem "收入"
    Combo2.AddItem "食品酒水"
    Combo2.AddItem "行车交通"
    Combo2.AddItem "衣服饰品"
    Combo2.AddItem "休闲娱乐"
    Combo2.AddItem "人情往来"
    Combo2.AddItem "医疗保健"
    Combo2.AddItem "金融保险"
    Combo2.AddItem "其他"
    Combo3.AddItem "现金"
    Combo3.AddItem "银行卡"
    Combo3.AddItem "其他"
    For i=1 To 12
        Combo4.AddItem 2011+i & "年"
        Combo5.AddItem  i & "月"
    Next
    For i=1 To 31
        Combo6.AddItem  i & "日"
    Next
End Sub

Private Sub Combo1_Click()
    If Combo1.Text="收入" Then
        Combo2.Clear
        Combo2.AddItem "工资酬金"
        Combo2.AddItem "兼职"
        Combo2.AddItem "过节费"
        Combo2.AddItem "其他"
```

```
    End If
    If Combo1.Text="支出" Then
        Combo2.Clear
        Combo2.AddItem "食品酒水"
        Combo2.AddItem "行车交通"
        Combo2.AddItem "衣服饰品"
        Combo2.AddItem "休闲娱乐"
        Combo2.AddItem "人情往来"
        Combo2.AddItem "医疗保健"
        Combo2.AddItem "金融保险"
        Combo2.AddItem "其他"
    End If
End Sub

Private Sub Text1_Click()
    Form4.Show
End Sub

Private Sub Text2_Click()
    Text2.SelStart=0
    Text2.SelLength=Len(Text2.Text)
End Sub
```

"保存" 按钮 Click 事件过程：

```
Private Sub Command1_Click()
    Select Case Combo1.Text
     Case "支出"
        Open App.Path & "\data\out.txt" For Append As #1
        Write #1, Text1.Text, Combo2.Text, Combo3.Text, Combo4.Text, Combo5.Text, _
        Combo6.Text, Text2.Text
        Close #1
     Case "收入"
        Open App.Path & "\data\in.txt" For Append As #1
        Write #1, Text1.Text, Combo2.Text, Combo3.Text, Combo4.Text, Combo5.Text, _
        Combo6.Text, Text2.Text
        Close #1
    End Select
End Sub
```

"再记一笔" 按钮 Click 事件过程：

```
Private Sub Command2_Click()
    Text1.Text=""
```

```
        Text2.Text=""
End Sub
```

(4)窗体 Form4 的事件过程如下：

```
Private Sub Command1_Click(Index As Integer)
    Select Case Index
        Case 0 To 9
            Text1.Text=Text1.Text & Index
        Case 10
            Text1.Text=Text1.Text & "."
        Case 11
            Text1.Text=Left(Text1.Text, Len(Text1.Text)-1)
        Case 12
            Text1.Text=""
        Case 13
            mon=Text1.Text
            Form3.Text1.Text=mon
            Unload Me
    End Select
End Sub
```

(5)窗体 Form5 的事件过程如下：

"通用-声明"区代码：

```
Dim sum As Double, out As Double
Dim rec(6) As String

Private Sub Combo1_Click(Index As Integer)
    sum=0: out=0
    mth=Combo1(1).Text
    Open App.Path & "\data\out.txt" For Input As #1
    If LOF(1)<>0 Then
        Do While Not EOF(1)
            Input #1, rec(0), rec(1), rec(2), rec(3), rec(4), rec(5), rec(6)
            If rec(3)=Combo1(0).Text And rec(4)=mth Then
                out=out+rec(0)
            End If
        Loop
    End If
    Close #1
    Open App.Path & "\data\in.txt" For Input As #1
    If LOF(1)<>0 Then
        Do While Not EOF(1)
```

```
        Input #1, rec(0), rec(1), rec(2), rec(3), rec(4), rec(5), rec(6)
        If rec(3)=Combo1(0).Text And rec(4)=mth Then
            sum=sum+rec(0)
        End If
      Loop
    End If
    Close #1
    Label3.Caption=out
    Label4.Caption=sum
End Sub

Private Sub Form_Load()
    For i=1 To 12
        Combo1(0).AddItem 2011+i & "年"
        Combo1(1).AddItem i & "月"
    Next
    mont=Combo1(1).Text
End Sub
```

最后，保存工程为"随手记.vbp"，各窗体采用默认名字。

四、实验分析及知识拓展

本实验主要让学生掌握顺序文件的打开、关闭方法及读写操作方法。通过综合应用标签、按钮和组合框等控件设计"随手记"的程序。

在此实验的基础上，参照智能手机的热门应用"随手记"，可以进一步完善自己所设计的"随手记"程序的功能。比如，添加流水明细功能以及密码登录功能。

五、拓展作业

打开光盘"实验结果\第 11 章\拓展作业一\随手记.vbp"，运行程序，了解实验任务，然后完善程序设计，添加流水明细功能以及密码登录功能。流水明细功能的界面如图 11-6 所示。

图 11-6 　流水明细界面

实验二　学生成绩管理

一、实验目的及实验任务

1. 实验目的

综合利用菜单、组合框、标签、文本框、按钮等控件制作一个简单的成绩管理程序。通过本实验，让学生掌握顺序文件的打开、关闭及读写方法。

2. 实验任务

打开光盘上的"实验结果\第 11 章\实验二\学生成绩管理.vbp"，运行程序，了解实验任务，然后设计学生成绩管理程序。要求程序能新建课程信息和班级信息，所有的课程信息和班级信息将分别保存在 course.txt 和 class.txt 两个文件中，这两个文件可以事先在磁盘上建立好，也可以在程序中建立。此外，程序可以在选定课程和班级的情况下输入学生成绩信息并保存，录入的成绩将自动保存在以课程和班级名称命名的文本文件内，已经保存的成绩可以查询。

二、实验操作过程

新建一个 VB 工程。将工程保存为"学生成绩管理.vbp"，并在存放该工程的文件夹下建立子文件夹 data（用于存放生成的结果文件）。

1. 界面设计

添加三个窗体，分别作为程序的主界面及信息的录入界面，各窗体名称均为默认值。

1）窗体 Form1 设计

在 Form1 上设置菜单，菜单的属性设置见表 11-5。

表 11-5　菜单属性设计

控　件	属性名	属性值	说　明
顶级菜单 1	Caption	课程设置	菜单标题
	Name	MnuCou	菜单名字
菜单项 11	Caption	新建课程	菜单标题
	Name	MnuNc	菜单名字
菜单项 12	Caption	浏览	菜单标题
	Name	MnuLc	菜单名字
顶级菜单 2	Caption	学生信息管理	菜单标题
	Name	MnuInf	菜单名字
菜单项 21	Caption	新建班级	菜单标题
	Name	MnuNg	菜单名字
菜单项 22	Caption	浏览	菜单标题
	Name	MnuLk	菜单名字
顶级菜单 3	Caption	成绩管理	菜单标题
	Name	MnuGra	菜单名字

续表 11-5

控 件	属性名	属性值	说　明
菜单项 31	Caption	成绩录入	菜单标题
	Name	MnuGi	菜单名字
菜单项 32	Caption	浏览	菜单标题
	Name	MnuGl	菜单名字

菜单设计界面如图 11-7 所示。

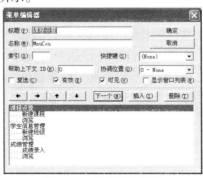

图 11-7　菜单设计界面

在 Form1 上添加两个标签、两个组合框和一个文本框，并添加通用对话框。各控件的属性设置见表 11-6。

表 11-6　Form1 控件属性

控 件	属性名	属 性 值	说　明
标签 1	Caption	课程：	标签标题
	Name	Label1	标签名字
	Visible	False	不可见
标签 2	Caption	班级：	标签标题
	Name	Label2	标签名字
	Visible	False	不可见
组合框 1	Text	空	组合框显示文本
	Name	Combo1	组合框名字
	Visible	False	不可见
组合框 2	Text	空	组合框显示文本
	Name	Combo2	组合框名字
	Visible	False	不可见
文本框	Text	空	文本框显示内容
	Name	Text1	文本框名字
	Visible	False	不可见
通用对话框	Caption	浏览	菜单标题
	Name	CommonDialog1	通用对话框名字

设置 Form1 的 Caption 属性值为"学生成绩管理"，Form1 的界面效果如图 11-8 所示。

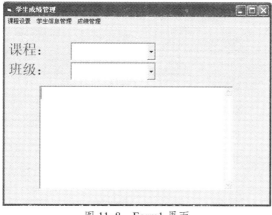

图 11-8　Form1 界面

2）窗体 Form2 设计

在 Form2 上添加两个标签、两个文本框和两个按钮。各控件的属性设置见表 11-7。

表 11-7　Form2 控件属性

控　件	属 性 名	属 性 值	说　明
标签 1	Caption	学号：	标签标题
	Name	Label1	标签名字
标签 2	Caption	姓名：	标签标题
	Name	Label2	标签名字
文本框 1	Text	空	文本框显示文本
	Name	Text1	文本框名字
文本框 2	Text	空	文本框显示文本
	Name	Text2	文本框名字
按钮 1	Caption	添加	按钮标题
	Name	Command1	按钮名字
按钮 2	Caption	结束	按钮标题
	Name	Command2	按钮名字

设置 Form2 的 Caption 属性值为"信息管理"，窗体 Form2 界面的效果如图 11-9 所示。

图 11-9　Form2 界面

3）窗体 Form3 设计

在 Form3 上添加四个标签、四个文本框和两个按钮，各控件的属性设置见表 11-8。

表 11-8　Form3 控件属性

控 件	属 性 名	属 性 值	说 明
标签 1	Caption	学号：	标签标题
	Name	Label1	标签名字
标签 2	Caption	姓名：	标签标题
	Name	Label2	标签名字
标签 3	Caption	课程：	标签标题
	Name	Label3	标签名字
标签 4	Caption	成绩：	标签标题
	Name	Label4	标签名字
文本框 1	Text	空	文本框显示文本
	Name	Text1	文本框名字
文本框 2	Text	空	文本框显示文本
	Name	Text2	文本框名字
文本框 3	Text	空	文本框显示文本
	Name	Text3	文本框名字
文本框 4	Text	空	文本框显示文本
	Name	Text4	文本框名字
按钮 1	Caption	添加	按钮标题
	Name	Command1	按钮名字
按钮 2	Caption	结束	按钮标题
	Name	Command2	按钮名字

设置 Form3 的 Caption 属性值为"成绩录入"，Form3 的界面效果如图 11-10 所示。

图 11-10　Form3 界面

2. 代码编写

在代码窗口中，为各个窗体及其控件编写如下事件过程：

(1)窗体 Form1 的事件过程如下：

"通用-声明"区代码：

```
Dim course As String*8, class As String
Dim ss As String
Private Type inf
    num As String*6
    nam As String*8
```

```
    course As String*8
    grade As Single
End Type
Dim xs As inf
Dim num As String*6, nam As String*8

Private Sub Combo1_Click()
    If Combo1.ListCount=0 Then
        ss=App.Path & "\data\course.txt"
        Open ss For Input As #1
        Do While Not EOF(1)
            Input #1, course
            Combo1.AddItem course
        Loop
        Close #1
    End If
End Sub

Private Sub Combo2_Click()
    Text1.Text=""
    Text1.Visible=True
    If Combo2.ListCount=0 Then
        ss=App.Path & "\data\class.txt"
        Open ss For Input As #1
        Do While Not EOF(1)
            Input #1, class
            Combo2.AddItem class
        Loop
        Close #1
    End If
    ss=App.Path & "\data\" & Combo2.Text & ".txt"
    Open ss For Input As #1
    Do While Not EOF(1)
        Input #1, num, nam
        Text1.Text=Text1.Text & num & nam & Chr(13) & Chr(10)
    Loop
    Close #1
End Sub

Private Sub Form_Load()
    Open App.Path & "\data\class.txt" For Append As #1 '如磁盘上无相应文件, 则建立该文件
```

```
        Close #1
        Open App.Path & "\data\class.txt" For Append As #1
        Close #1
    End Sub

    Private Sub MnuGi_Click()
        If Combo1.Visible=False Or Combo2.Visible=False Then
            Label1.Visible=True
            Label2.Visible=True
            Combo1.Visible=True
            Combo2.Visible=True
            Open App.Path & "\data\course.txt" For Input As #1
            Do While Not EOF(1)
                Input #1, course
                Combo1.AddItem course
            Loop
            Close #1
            Open App.Path & "\data\class.txt" For Input As #1
            Do While Not EOF(1)
                Input #1, class
                Combo2.AddItem class
            Loop
            Close #1
        End If
        If Combo1.Text="" Or Combo2.Text="" Then
            MsgBox "请先选择课程和班级！"
        Else
            Form3.Show
        End If
    End Sub

    Private Sub MnuGl_Click()
        Text1.Visible=True
        Text1.Text=""
        CommonDialog1.Filter="文本文件(*.txt)|*.txt|所有文件(*.*)|*.*"
        CommonDialog1.ShowOpen
        ss=CommonDialog1.FileName
        If ss<>"" Then
            Open ss For Input As #1
            Do While Not EOF(1)
                Input #1, xs.num, xs.nam, xs.course, xs.grade
```

```
            ss=xs.num & xs.nam & xs.course & xs.grade
            Text1.Text=Text1.Text & ss & Chr(13) & Chr(10)
        Loop
        Close #1
    End If
End Sub

Private Sub MnuLc_Click()
    If Combo1.ListCount=0 Then
        Open App.Path & "\data\course.txt" For Input As #1
        Do While Not EOF(1)
            Input #1, course
            Combo1.AddItem course
        Loop
        Close #1
        If Combo1.ListCount=0 Then MsgBox "请先建立课程信息！"
    End If
    Label1.Visible=True
    Combo1.Visible=True
End Sub

Private Sub MnuLk_Click()
    If Combo2.ListCount=0 Then
        Open App.Path & "\data\class.txt" For Input As #1
        Do While Not EOF(1)
            Input #1, class
            Combo2.AddItem class
        Loop
        Close #1
        If Combo2.ListCount=0 Then MsgBox "请先建立班级信息！"
    End If
    Label2.Visible=True
    Combo2.Visible=True
End Sub

Private Sub MnuNc_Click()
    Open App.Path & "\data\course.txt" For Append As #1
    nam=InputBox("请输入课程名称", 新建课程, 0)
    Write #1, nam
    Close #1
    Combo1.AddItem nam
```

```
End Sub

Private Sub MnuNg_Click()
    Form2.Show
End Sub
```

（2）窗体 Form2 的事件过程如下：

"通用-声明"区代码：

```
Dim savname As String
Private Type student
    number As String*6
    name As String*8
End Type
Dim xs As student

Private Sub CmdAdd_Click()
    Open App.Path & "\data\cla.txt" For Append As #1
    With xs
        .number=Text1.Text
        .name=Text2.Text
    End With
    Write #1, xs.number, xs.name
    Text1.Text=""
    Text2.Text=""
    Close #1
    Text1.SetFocus
End Sub

Private Sub CmdEnd_Click()
    savname=InputBox("请输入班级名称！", "请输入", "一班")
    Open App.Path & "\data\class.txt" For Append As #1
    Write #1, savname
    Close #1
    savname=App.Path & "\data\" & savname & ".txt"
    Name App.Path & "\data\cla.txt" As savname
    Unload Me
End Sub
```

（3）窗体 Form3 的事件过程如下：

"通用-声明"区代码：

```
Dim cour As String, clas As String
Dim ss As String, num As String, nam As String
Private Type inf
```

```
        number As String*6
        name As String*8
        course As String*8
        grade As Single
End Type
Dim xs As inf

Private Sub CmdAdd_Click()
    With xs
        .number=Text1.Text
        .name=Text2.Text
        .course=Text3.Text
        .grade=Text4.Text
    End With
    ss=App.Path & "\data\" & cour & clas & ".txt"
    Open ss For Append As #2
    Write #2, xs.number, xs.name, xs.course, xs.grade
    clas=Form1.Combo2.Text
    ss=App.Path & "\data\" & clas & ".txt"
    If Not EOF(1) Then
        Input #1, num, nam
        Text1.Text=num
        Text2.Text=nam
        Text4.Text=""
    Else
        Close #1
    End If
    Close #2
End Sub

Private Sub CmdEnd_Click()
    Unload Me
End Sub

Private Sub Form_Load()
    cour=Trim(Form1.Combo1.Text)
    clas=Trim(Form1.Combo2.Text)
    ss=App.Path & "\data\" & clas & ".txt"
    Open ss For Input As #1
    Input #1, num, nam
    Text1.Text=num
```

```
    Text2.Text=nam
    Text3.Text=cour
End Sub
```
最后保存工程为"学生成绩管理.vbp",各窗体采用默认名字。

三、实验分析及知识拓展

本实验主要让学生掌握顺序文件的打开、关闭及读写操作的使用方法,通过综合运用菜单、通用对话框、标签、文本框和按钮等控件设计一个简单的学生成绩管理程序。

四、拓展作业

打开光盘上的"实验结果\第 11 章\拓展作业二\学生成绩管理.vbp",运行程序,了解实验任务,然后添加成绩浏览、成绩汇总等功能。成绩汇总的界面如图 11-11 所示。

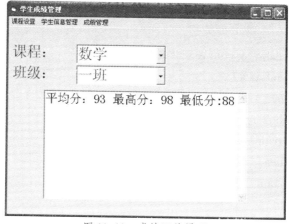

图 11-11　成绩汇总界面

综合练习

一、单项选择题

1. 适用于连续块中读写的一种文件类型是_____。
   A. 顺序文件　　　　B. 随机文件　　　　C. 二进制文件　　　D. Word 文件

2. 以下关于文件的叙述错误的是_____。
   A. 顺序文件中的记录一个接一个地顺序存放
   B. 随机文件中记录的长度是随机的
   C. 执行打开文件的命令后,自动生成一个文件指针
   D. LOF 函数返回给文件分配的字节数

3. 如果准备读文件,打开顺序文件 text.dat 的正确语句是_____。
   A. Open "text.dat" For Write As #1　　　B. Open "text.dat" For Binary As #1
   C. Open "text.dat" For Input As #1　　　D. Open "text.dat" For Random As #1

4. 如果准备对文件尾部进行添加操作,则打开顺序文件 text.dat 的正确语句是_____。
   A. Open "text.dat" For Write As #1　　　B. Open "text.dat" For Append As #1
   C. Open "text.dat" For Input As #1　　　D. Open "text.dat" For Random As #1

5. 在 VB 中，打开一个文件时，它的编号的可取值范围是_____。

    A. 0~255　　　　　B. 1~255　　　　　C. 0~511　　　　　D. 1~511

6. 下列能够对指定数据文件#1 中的一行同时读入的语句是_____。

    A．Input #1 , a, b, c　　　　　　　　B．Line Input #1, a

    C．Write #1 , a　　　　　　　　　　D．Line Write #1, a

7. 返回由文件号指定的文件的当前读写位置的函数是_____。

    A. LOC()　　　　　B. LOF()　　　　　C. EOF()　　　　　D. FileLen()

8. 读文件时，返回指定文件当前读写位置的函数是_____。

    A. LOC()　　　　　B. LOF()　　　　　C. EOF()　　　　　D. FileLen()

9. 用来测试指针是否到了文件尾部的函数是_____。

    A. LOC()　　　　　B. LOF()　　　　　C. EOF()　　　　　D. FileLen()

10. 读文件时，返回该文件的大小(字节数)的函数是_____。

    A. LOC()　　　　　B. LOF()　　　　　C. EOF()　　　　　D. FileLen()

11. 适用于对有固定长度记录的结构文件读写的一种文件类型是_____。

    A. 顺序文件　　　　B. 随机文件　　　　C. 二进制文件　　　D. Word 文件

12. 适用于对任意的有结构文件读写的一种文件类型是_____。

    A. 顺序文件　　　　B. 随机文件　　　　C. 二进制文件　　　D. Word 文件

13. LOF(1)返回值为 0 表示_____。

    A. 指针到文件尾　　　　　　　　　B. 未找到文件

    C. 指针指向文件第一条记录　　　　D. 空文件

14. 设有语句 Open "c:\Test.Dat" For OutPut As #1，则以下错误的叙述是_____。

    A. 该语句在 C 盘根目录下建立一个名为 Test.Dat 的文件

    B. 该语句打开 C 盘根目录下一个已存在的文件 Test.Dat

    C. 该语句建立的文件的文件号为 1

    D. 执行该语句后，就可以通过 Print#语句向文件 Test.Dat 中写入信息

15. 执行语句 Open "d:\temp\Tel.Dat" For Random As #1 后，对文件 Tel.dat 中的数据能够执行的操作是_____。

    A. 只能写，不能读　　　　　　　　B. 只能读，不能写

    C. 既可以读，也可以写　　　　　　D. 不能读，不能写

16. 执行语句 Open "c:\temp\Tel.Dat" For Binary As #3 后，对文件 Tel.dat 中的数据能够执行的操作是_____。

    A. 只能写，不能读　　　　　　　　B. 只能读，不能写

    C. 不能读，不能写　　　　　　　　D. 既可以读，也可以写

17. 对二进制文件的写操作所用的语句是_____。

    A. Write　　　　　B. Put　　　　　C. Get　　　　　D. Close

18. 对二进制文件的关闭操作所用的语句是_____。

    A. Write　　　　　B. Put　　　　　C. Get　　　　　D. Close

19. 对随机文件的写操作所用的语句是_____。

    A. Write　　　　　B. Get　　　　　C. Put　　　　　D. Close

20. 对随机文件的读操作所用的语句是_____。

A. Write　　　　　　　B. Get　　　　　　　C. Put　　　　　　　D. Close

21. 下面对语句 Open "exer.dat" For Output As #1 的功能描述错误的是_____。

A. 以顺序输出模式打开文件 exer.dat

B. 如果文件 exer.dat 不存在，则建立一个新文件

C. 如果文件 exer.dat 已存在，则打开该文件，新写入的数据将添加到文件末尾

D. 如果文件 exer.dat 已存在，则打开该文件，新写入的数据将覆盖原来的数据

22. 下列说法错误的是_____。

A. 当用 Write # 语句写顺序文件时，文件必须以 Output 或 Append 方式打开

B. 用 Input 方式打开一个文件时，对同一个文件可以用几个不同的文件号打开

C. 用 Output 和 Append 方式打开文件时，不用将文件关闭，就能重新打开文件

D. 用 Append 方式打开文件时，进行写操作，写入文件的数据附加到原来文件的后面

23. 下面几个关键字均表示文件的打开方式，只能进行读不能写的是_____。

A. Input　　　　　　　B. Output　　　　　　C. Random　　　　　　D. Append

24. 下列_____不是写文件语句。

A. Put　　　　　　　B. Print　　　　　　　C. Write　　　　　　D. Output

25. 以下叙述中正确的是_____。

A. 一个记录中所包含的各个元素的数据类型必须相同

B. 随机文件中每个记录的长度是固定的

C. Open 命令的作用是打开一个已经存在的文件

D. 使用 Input#语句可以从随机文件中读取数据

26. 以下程序运行后，Text.dat 文件的内容是_____。

```
Private Sub Form_Click()
    Dim f1 As Integer, f2 As Integer, f3 As Integer
    Open "d:\Text.dat" For Output As #1
    f1=2
    f2=3
    f3=f2+f1
    Write #1, f1*f2, f2, f3
    Close #1
End Sub
```

A. 2，3，3　　　　　B. 6，3，5　　　　　C. 2，5，6　　　　　D. 无内容

27. 按文件的访问方式，文件分为_____。

A. 顺序文件、随机文件和二进制文件

B. ASCII 文件和二进制文件

C. 程序文件、随机文件和数据文件

D. 磁盘文件和打印文件

28. 顺序文件之所以称为顺序文件，是因为_____。

A. 文件中按每条记录的记录号从小到大排序好的

B. 文件中按每条记录的长度从小到大排序好的

C. 文件中按记录的某关键数据项从小到大排序好的

D. 记录按进入的先后顺序存放的，读出也是按原写入的先后顺序读出

29. 在窗体上有一个文本框，代码窗口中有如下代码，则下述有关该段程序代码所实现的功能的说法正确的是_____。

```
Private Sub form_load()
    Open "C:\data.txt" For Output As #3
    Text1.Text=""
End Sub
Private Sub text1_keypress(keyAscii As Integer)
    If keyAscii=13 Then
        If UCase(Text1.Text)="END" Then
            Close #3
            End
        Else
            Write #3, Text1.Text
            Text1.Text=""
        End If
    End If
End Sub
```

　　A. 在 C 盘当前目录下建立一个文件

　　B. 打开文件并读入文件的记录

　　C. 打开顺序文件并从文本框中读取文件的记录，若输入 End 则结束读操作

　　D. 在文本框中输入的内容按回车键存入，然后文本框内容被清除

30. 以下关于文件的叙述错误的是_____。

　　A. 使用 Append 方式打开文件时，文件指针被定位于文件尾

　　B. 当以输入方式(Input)打开文件时，如果文件不存在，则建立一个新文件

　　C. 顺序文件各记录的长度可以不同

　　D. 随机文件打开后，既可以进行读操作，也可以进行写操作

31. 在顺序文件的读写语句中，Input #可以从文件中同时向_____个变量内读入数据。

　　A. 一个　　　　　　B. 三个　　　　　　C. 多个　　　　　　D. 最多十个

32. 写顺序文件时的 Write# 语句会自动将写入文件的信息中的字符串数据加上_____符号。

　　A. ""　　　　　　　　B. [ ]　　　　　　　　C.<>　　　　　　　　D. { }

33. 下列_____语句不能实现从顺序文件中读入数据。

　　A. Line Input #<文件号>, <变量名>

　　B. Input #<文件号>, <变量名 1>[, <变量名 2>...]

　　C. Input(Length, #<文件号>)

　　D. InputBox(message)

34. 若磁盘文件 C:\Data1.dat 不存在，下列语句中，会产生错误的是_____。

　　A. Open "C:\Data1.dat" For Output As #1

　　B. Open "C:\Data1.dat" For Input As #2

　　C. Open "C:\Data1.dat" For Append As #3

　　D. Open "C:\Data1.dat" For Binary As #4

35. 文件操作时，Kill 语句的功能是_____。

　　A. 返回文件被创建或者最后修改的日期与时间

　　B. 返回以字节表示的文件长度

　　C. 删除磁盘中的文件

　　D. 命名一个文件或目录

二、判断题（正确为**True**，错误为**False**）

1. 在 VB 中访问任何一个文件之前，都必须先打开该文件，然后才能对文件进行处理。
　　　　　　　　　　　　　　　　　　　　　　　　　　　　　　　　　　　( )

2. 用 Open 语句打开文件时，文件名必须用字符串常量表示，而不能使用变量。( )

3. Print #语句与 Print 方法的区别在于，Print #语句写的对象是文件，而 Print 方法写的对象是窗体、控件或打印机。　　　　　　　　　　　　　　　　　　　　　　　　( )

4. 当用 Write #语句时，顺序文件必须以 Output 或 Append 方式打开。　　　　( )

5. 用 Append 方式打开 c:\students.dat 文件的语句是 Open "c:\students.dat" for Append As
#1。　　　　　　　　　　　　　　　　　　　　　　　　　　　　　　　　　( )

6. Input #语句是从文件中读取数据项，Line Input #读取的是文件中的一行，而 InputBox
函数，则要求从键盘输入数据。　　　　　　　　　　　　　　　　　　　　　( )

7. 随机文件可以按任意次序读写，每一行或每个记录的长度也可以不相同。　　( )

8. 对文件的操作常按以下三步执行：打开文件、读写文件和关闭文件。　　　　( )

9. 顺序文件中，可用 Input 语句读取文件中的一个数据项。　　　　　　　　　( )

10. 用 Line Input 语句读取数据时，读出的数据不包括回车符。　　　　　　　( )

11. 把 Line Input 语句直接读出来的数据，显示在文本框中的格式和原文件中的数据格式
一样。　　　　　　　　　　　　　　　　　　　　　　　　　　　　　　　( )

12. 以二进制模式访问文件是以记录为一个单位。　　　　　　　　　　　　　　( )

13. 以随机模式访问文件是以记录为一个单位。　　　　　　　　　　　　　　　( )

14. LOF()的返回值如果为 100，表示被测文件是个空文件。　　　　　　　　　( )

15. EOF()函数测试时，如果到了文件尾部，则其值为 True。　　　　　　　　　( )

三、填空题

编程统计 D:\data.txt 中字符"$"的出现次数，并将统计结果写入文本文件 D:\res.txt 中。

```
Private Sub Form_Click()
    Dim Inputdata As String, Count As Integer
    Open "D:\data.txt" For ___1___ As #1
    Do While __2__
        Inputdata=Input(1, #1)
        _____3_____
            Count=Count+1
        End if
    Loop
    Close #1
```

```
    Open "D:\res.txt" For __4___ As #1
_____5_____
    Close #1
End Sub
```

第12章 图形操作

实验一 简单绘图

一、实验目的及实验任务

1. 实验目的

通过本实验，让学生掌握 VB 中图形绘制的基本方法。

2. 实验任务

打开光盘上的"实验结果\第 12 章\实验一\简单绘图.vbp"，运行程序，在窗体上任意位置单击，此时，绘制随机大小和颜色的五角星。了解实验任务后，完成本实验所要求的功能。

二、实验操作过程

启动 VB，在弹出的"新建工程"对话框中，选择创建工程类型为"标准 EXE"，单击"打开"按钮，进入集成开发环境。

1. 界面设计

设置窗体的 Caption 属性的值为"Line 绘图"，名称默认为 Form1，如图 12-1 所示。

图 12-1　界面设计

2. 代码编写

（1）在代码窗口的"通用-声明"中，编写如下代码：

Const pi=3.14159

（2）为窗体的 MouseDown 事件编写如下事件过程：

Private Sub Form_MouseDown（Button As Integer, Shift As Integer, x As Single, y As Single）

　　PSet（x, y）

　　Drawstar Rnd*2000

End Sub

（3）编写自定义过程 Drawstar：

Private Sub Drawstar（x As Single）

　　Dim N As Integer

　　Randomize

N=Int(Rnd*16)

Line -Step(x*Sin(pi/10), -x*Cos(pi/10)), QBColor(N)

Line -Step(x*Sin(pi/10), x*Cos(pi/10)), QBColor(N)

Line -Step(-x*Cos(2*pi/10), -x*Sin(2*pi/10)), QBColor(N)

Line -Step(x, 0), QBColor(N)

Line -Step(-x*Cos(2*pi/10), x*Sin(2*pi/10)), QBColor(N)

End Sub

运行程序，在窗体上多次按下鼠标键时，窗体上出现多个随机大小和颜色的五角星，如图 12-2 所示。

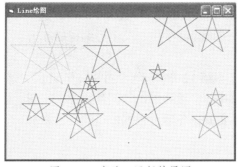

图 12-2 实验一运行结果图

三、实验分析及知识拓展

本实验中，自定义了一个 Drawstar 子过程，该过程绘制一个五角星，画图顺序是：以五角星的左下角为起点，依次向上、右下、左上、右上，最后回到左下角，每个角的角度均为 $2\pi/10$，利用三角函数可以得到顶点的相对坐标。Rnd() 是随机函数，Randomize 语句与随机函数一起使用，使产生的数更趋于随机。

在此实验的基础上，对于其他绘图方法，如 Circle 等，也要熟练掌握。

四、拓展作业

1. 拓展作业任务

使用 Circle 绘图方法，绘制一个饼图。

双击光盘上的"实验结果\第 12 章\拓展作业一\饼图绘制.exe"，运行程序，在三个文本框中，分别输入 15，25，10，单击"绘图"按钮，结果如图 12-3 所示。了解作业任务后，根据下面的提示，自己动手设计程序。

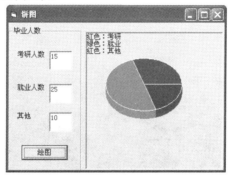

图 12-3 饼图绘制

2. 本作业用到的主要操作提示

本作业界面设计时，用到一个框架、三个标签、三个文本框、一个命令按钮和一个图片框。绘制饼图操作可自定义一个子过程来完成，绘制饼图的高度可根据需要自行调整。

实验二　图片镜像

一、实验目的及实验任务

1. 实验目的

通过本实验，让学生掌握 VB 中图形对象（PictureBox）常用的属性（ScaleWidth、ScaleHeight、ScaleLeft、ScaleTop）及方法（PSet 和 Point），进一步熟悉 VB 中的坐标系统，掌握坐标系统的自定义方法，进而提高学生有关图形编程的能力。

2. 实验任务

打开光盘上的"实验结果\第 12 章\实验二\图片镜像.vbp"，运行程序，单击"装载图片"按钮，载入图片到第一个图片框，然后单击"图片镜像"按钮，则第一个图片框中的图片镜像到第二个图片框中。了解实验任务后，根据提供的实验素材，完成本实验所要求的功能。

二、实验所需素材

本实验所需素材文件在配套光盘中的位置：实验素材\第 12 章\实验二\pic。

三、实验操作过程

将光盘上的"实验素材\第 12 章\实验二"文件夹下的内容复制到硬盘的相应文件夹内，并去掉文件的只读属性，双击工程文件"图片镜像.vbp"进入 VB 的集成开发环境。在 VB 的集成开发环境中，进行如下设计。

1. 界面设计

1) 窗体设计

设置窗体的 Caption 属性的值为"镜像"，名称默认为 Form1。将工程保存为"图片镜像.vbp"，并将本实验素材提供的 Pic 文件夹复制到存放该工程的文件夹下。

2) 镜像界面设计

在窗体上分别放置两个图片框和两个命令按钮，如图 12-4 所示。

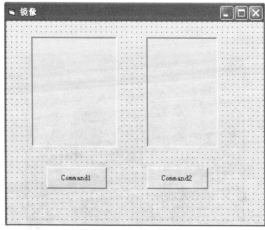

图 12-4　初始界面设计

两个图片框和两个命令按钮的属性设置见 2-1。

表 2-1　图片框和命令按钮属性设置

控　件	属性名	属性值	说　明
左边图片框	名称	默认值 Picture1	图片框名字
	Height	3000	设置图片框高度
	Width	2300	设置图片框宽度
	ScaleMode	3	以像素为度量单位
右边图片框	名称	默认值 Picture2	图片框名字
	Height	3000	设置图片框高度
	Width	2300	设置图片框宽度
	ScaleMode	3	以像素为度量单位
Command1	名称	默认值 Command1	按钮名字
	Caption	装载图片	按钮标题
Command2	名称	默认值 Command2	按钮名字
	Caption	图片镜像	按钮标题

属性设置完成后，界面如图 12-5 所示。

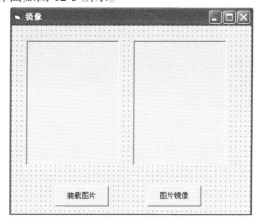

图 12-5　属性设置完成后界面

2. 代码编写

在代码窗口中，分别为 Command1 和 Command2 编写如下事件过程：

```
Private Sub Command1_Click()
    Picture1.Picture=LoadPicture(App.Path & "\pic\beat.jpg")
End Sub

Private Sub Command2_Click()
    Dim X As Integer, Y As Integer
    For X=0 To Picture1.ScaleWidth
        For Y=0 To Picture1.ScaleHeight
            Picture2.PSet (Picture1.ScaleWidth-X, Y), Picture1.Point(X, Y)
```

```
            Next
        Next
    End Sub
```

保存工程、窗体等文件并运行程序，镜像的结果如图 12-6 所示。

图 12-6　镜像结果

注意： 系统默认的坐标原点(0,0)是左上角，也可通过改变图形对象(PictureBox)坐标原点的方法实现上述功能，此时用到图形对象的 ScaleLeft、ScaleTop 属性。若将 Picture2 的坐标原点设置到右上角再实现本实验功能，可为 Command2 编写如下事件过程：

```
Private Sub Command2_Click()
    Dim X As Integer, Y As Integer
    Picture2.ScaleLeft=-Picture2.ScaleWidth
    Picture2.ScaleTop=0                           '通过 ScaleLeft、ScaleTop 改变坐标原点
    For X=0 To Picture1.ScaleWidth
        For Y=0 To Picture1.ScaleHeight
            Picture2.PSet(-X, Y), Picture1.Point(X, Y)
        Next
    Next
End Sub
```

四、实验分析及知识拓展

本实验主要让学生根据所学知识，熟悉 VB 的坐标系统，并熟练使用图形对象(PictureBox)常用的属性和方法。在做本实验时，首先保证两个图片框大小一致，然后用 Point 方法获取图形框 Picture1 中的彩色图片的一点颜色值，并按照镜像方式用 Pset 方法填充到图片框 Priture2 中去。为了加快程序的运行速度(因为循环次数过多)，我们将两个图片框的 ScaleMode 设置为 Pixel 方式，这时，图片框的像素宽度和高度为 ScaleWidth 和 ScaleHeight。

将两个图片框的 ScaleMode 设置为 1-Twip，再运行程序，比较两种情况下的运行效率。

对程序中使用到的 Point 方法，解释如下：

Point 方法按照长整数，返回在 Form 或 PictureBox 上所指定位置的红-绿-蓝(RGB)颜色。语法如下：

object.Point(x, y)

其中参数 x、y 是必选的，均为单精度值，指示 Form 或 PictureBox 的 ScaleMode 属性中该点的水平(x 轴)和垂直(y 轴)坐标。

五、拓展作业

请修改上述实验程序，结果如图 12-7 所示。

图 12-7　拓展作业任务

实验三　综合应用

一、实验目的及实验任务

1. 实验目的

通过本实验，让学生熟悉常用几何图形的绘制，掌握 VB 的常用图形控件(Image、Line 和 Shape 等)的常用属性和图形方法的使用，进而熟悉简单动画的设计方法。

2. 实验任务

打开光盘上的"实验结果\第 12 章\实验三\比赛.vbp"，运行程序，依次单击各按钮，了解实验任务后，根据提供的实验素材，完成本实验所要求的功能。

二、实验所需素材

本实验所需素材文件在配套光盘中的位置：实验素材\第 12 章\实验三\pic。

三、实验操作过程

在桌面上新建文件夹"综合应用"，并将光盘上的"实验素材\第 12 章\实验三"中的文件夹 pic 复制到新建的文件夹下。启动 VB，在弹出的"新建工程"对话框中，选择创建工程类型为"标准 EXE"，单击"打开"按钮，进入集成开发环境。保存窗体文件和工程文件，名称分别是"Form1.frm"和"比赛.vbp"。

1. 界面设计

首先设置窗体的 Height 属性值为 5800，Width 属性值为 8000，然后在窗体上依次放置一个标签控件、两个定时器控件、一个 Shape 控件，在 Shape 控件范围内，放置四个图像控件(Image)、两个直线控件，然后在窗体的下方放置三个命令按钮。

所有控件的名称属性都使用默认值。设计好的界面如图 12-8 所示。

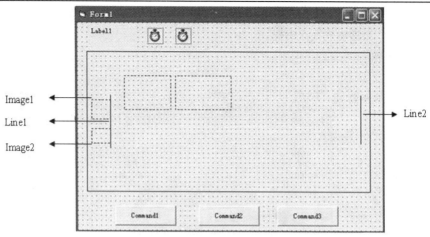

图 12-8　初始界面设计

2. 代码编写

（1）在代码窗口的"通用-声明"中，编写如下代码：

Dim Distance As Single　　　'比赛距离

Dim rest As Boolean　　　　　'记录兔子休息状态

（2）通过窗体的 Load 事件设置各控件属性，为窗体的 Load 事件编写如下事件过程：

```
Private Sub Form_Load()
    '设置窗体属性
    Form1.Caption="龟兔赛跑"
    '设置标签属性
    Label1.Caption="比赛场地"
    '设置 Shape 控件属性
    Shape1.BorderStyle=3
    Shape1.Shape=4
    Shape1.BackColor=vbGreen
    '设置命令按钮属性
    Command1.Caption="准备比赛"
    Command2.Caption="开始比赛"
    Command2.Enabled=False
    Command3.Caption="比赛结束"
    Command3.Enabled=False
    '设置定时器属性
    Timer1.Enabled=False
    Timer1.Interval=100
    Timer2.Enabled=False
    Timer2.Interval=100
    '设置图像框属性
    Image1.Stretch=True
    Image2.Stretch=True
```

```
    Image3.Top=800
    Image3.Left=1500
    Image4.Top=100
    Image4.Left=2000
End Sub
```

此时，运行程序，界面如图 12-9 所示。

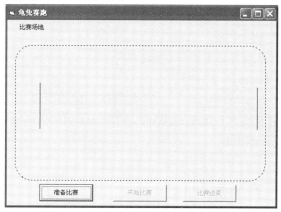

图 12-9 各控件属性设置完成后的界面

（3）为"准备比赛"按钮（Command1）编写如下事件代码：

```
Private Sub Command1_Click()
    Distance=Line2.X1-Line1.X1              '计算距离
    Image1.Picture=LoadPicture(App.Path & "\pic\rabbit.jpg")
    Image2.Picture=LoadPicture(App.Path & "\pic\turtle.jpg")
    Command1.Enabled=False
    Command2.Enabled=True
End Sub
```

此时，运行程序，单击"准备比赛"按钮，界面如图 12-10 所示。

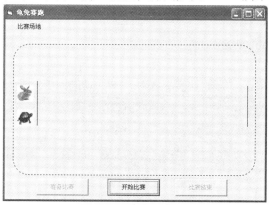

图 12-10 准备比赛界面

（4）为定时器（Timer1）编写如下事件代码：

```
Private Sub Timer1_Timer()
    Image1.Move Image1.Left+300          '兔子每次移动的距离
    If Image1.Left+Image1.Width-Line1.X1>=Distance/2 Then      '此时兔子开始休息
```

```
            Timer1.Interval=0
            rest=True
        End If                              '
        If rest=True Then
            Image1.Visible=True
            Image3.Picture=LoadPicture（App.Path & "\pic\rabbit2.jpg"）
        End If
End Sub
```

（5）为定时器（Timer2）编写如下事件代码：

```
Private Sub Timer2_Timer（）
        Image2.Move Image2.Left+50          '乌龟每次移动的距离
        If Image2.Left-Line1.X1+Image2.Width>=Distance/10*9 Then    '此时兔子再次移动
            Timer1.Interval=100
            rest=False
            Image3.Visible=False
        End If
        If Image2.Left+Image2.Width>=Line2.X1 Then          '乌龟到达终点
            Timer2.Interval=0
            Line2.BorderColor=vbRed
            Command3.Enabled=True
            'MsgBox "Game Over"
        End If
End Sub
```

（6）为"开始比赛"按钮（Command2）编写如下事件代码：

```
Private Sub Command2_Click（）
        Timer1.Enabled=True         '激活定时器
        Timer2.Enabled=True         '激活定时器
        Command2.Enabled=False
End Sub
```

此时，运行程序，单击"开始比赛"按钮，界面如图 12-11 所示。

图 12-11　比赛过程界面

(7)为"比赛结束"按钮(Command3)编写如下事件代码:

Private Sub Command3_Click()

  Image2.Visible=False

  Image1.Visible=False

  Image4.Picture=LoadPicture(App.Path & "\pic\rabbit3.jpg")

End Sub

四、实验分析及知识拓展

本实验主要通过 Line 控件的坐标属性 X1,确定比赛距离,通过两个定时器分别控制 Image1(兔子)和 Image2(乌龟)的行动状态(Image 的 Move 方法使兔子和乌龟每次有不同的移动距离),进而实验简单的动画效果。

五、拓展作业

1. 拓展作业任务

使用 VB 制作一个时钟,时钟指针随着每一秒而动态变化。

双击光盘上的"实验结果\第 12 章\拓展作业三\Clock.exe",运行程序,如图 12-12 所示。了解作业任务后,根据提供的作业素材,自己动手设计并编写时钟程序。

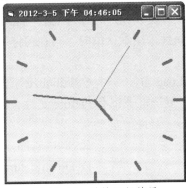

图 12-12　时钟运行结果

2. 本作业用到的主要操作

1)画时钟表盘上的所有直线元素

用 Load 命令建立 Line 控件数组,包括 15 个元素(因为表盘有 12 个点和时、分、秒共 15 个 Line 控件),该控件数组每一个对象的端点坐标的属性设置为每条线在时钟表盘上的适当位置,表示时、分、秒的 3 个 Line 控件每秒钟更新一次,产生时钟指针移动的感觉。

2)修改时针的形状

通过调整代码中的属性设置,可以改变时钟的形状。例如,通过改变每一个 Line 控件的 BorderWidth 属性设置,可以建立更细或更粗的线。

3)设置计时器的 Interval(间距)属性,移动时、分、秒指针

综合练习

一、单选题

1. 坐标度量单位可通过_____来改变。

A. DrawStyle 属性 　　　　　　　　　　B. DrawWidth 属性

C. Scale 方法 　　　　　　　　　　　　D. ScaleMode 属性

2. 以下属性和方法中，_____可重定义坐标系。

A. DrawStyle 属性 　　　　　　　　　　B. DrawWidth 属性

C. Scale 方法 　　　　　　　　　　　　D. ScaleMode 属性

3. 当使用 Line 方法画线后，当前坐标在_____。

A.（0, 0）　　　　　B. 直线起点　　　　C. 直线终点　　　　D. 容器的中心

4. 执行指令 "Circle（2000, 2000）, 500, 8, -6, -3" 将绘制_____。

A. 圆　　　　　　　B. 椭圆　　　　　　C. 圆弧　　　　　　D. 扇形

5. 执行指令 "Line（1200, 1200）-Step（1000, 500）, B" 后，CurrentX=_____。

A. 2200　　　　　　B. 1200　　　　　　C. 1000　　　　　　D. 1700

6. 对象的边框类型由属性_____来决定。

A. DrawStyle　　　　B. DrawWidth　　　　C. BorderSyle　　　　D. ScaleMode

7. Shape 控件的 Shape 属性提供了六种预定义形状，不包括_____。

A. 正方形　　　　　　B. 椭圆　　　　　　C. 圆角矩形　　　　D. 扇形

8. Circle 方法用于_____。

A. 画圆、椭圆、圆弧和正方形　　　　　B. 画圆、椭圆、圆弧和扇形

C. 画圆角矩形、椭圆、圆弧和扇形　　　D. 画圆、椭圆、圆角正方形和扇形

9. 当窗体的 AutoRedraw 属性采用默认值时，若在窗体装入时要用绘图方法绘制图形，则应用程序放在_____中。

A. Paint 事件　　　　B. Load 事件　　　　C. Initialize 事件　　　D. Click 事件

10. 命令按钮、单选按钮、复选框上都有 Picture 属性，可以在控件上显示图片，但需要通过_____来控制。

A. Appearance 属性 　　　　　　　　　　B. Style 属性

C. DisablePicture 属性 　　　　　　　　　D. DownPicture 属性

二、填空题

1. 改变容器对象的 ScaleMode 属性值，容器的大小_____改变，它在屏幕上的位置不会改变。

2. 容器的实际高度和宽度由_____和_____属性确定。

3. 设 Picture1.ScaleLeft=-200，Picture1.ScaleTop=250，Picture1.ScaleWidth=500，Picture1.ScaleHeight=-400，则 Picture1 右下角的坐标为_____。

4. 窗体 Form1 的左上角坐标为（-200, 250），右下角坐标为（300, -150），则 X 轴的正向向_____，Y 轴的正向向上。

5. 如 Scale 方法不带参数，则采用_____坐标系。

6. PictureBox 控件的_____属性设置为 True 时，PictureBox 自动调整大小。

7. 使用 Line 方法画矩形，必须在指令中使用关键字_____。

8. 使用 Circle 方法画扇形，起始角、终止角的取值范围为_____。

9. 在窗体中使用 Line 控件时，改变_____属性的值可以控制直线的线型；改变_____属性的值可以改变直线的宽度。

10. 使用 Shape 控件时，只要设置_____属性的值，就可以使该控件显示不同的图形。

三、编程题

设计一个窗体，该窗体上有一个图片框(PictureBox)、一个标签和三个命令按钮("画正弦曲线"、"画余弦曲线"和"清除")，根据用户的选择，分别在图片框上显示一条正弦曲线、一条余弦曲线和清除屏幕曲线。运行结果如图 12-13 所示。

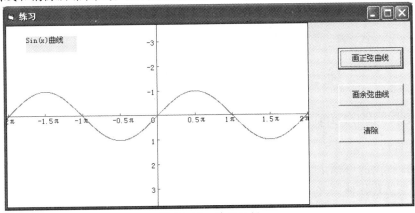

图 12-13　结果示例

第13章 数据库编程

实验一 课程管理的简单实现

一、实验目的及实验任务

1. 实验目的

利用 VB 提供的可视化数据管理器(Visual Data Manager)中的数据窗体设计器功能,创建课程基本信息管理窗体,并完成程序的基本调试。通过本实验,让学生掌握数据窗体设计器的操作方法,认识到程序调试的重要性,掌握基本的错误处理方法,提高学生使用 VB 解决实际问题的能力。

2. 实验任务

打开光盘上的"实验结果\第 13 章\实验一\成绩管理系统.vbp",运行程序,了解实验任务,然后根据提供的实验素材,实现课程管理的基本功能。

二、实验所需素材

本实验所需素材文件在配套光盘中的位置:实验素材\第 13 章\实验一。

三、实验操作过程

1. 准备素材

复制光盘上的"实验素材\第13章\实验一\"文件夹到合适位置,打开"成绩管理系统.vbp"。在 VB 集成环境中,单击"外接程序"菜单下的"可视化数据管理器"命令,打开可视化数据管理器"VisData"窗口,并单击"文件"菜单,依次选择"打开数据库"→"Microsoft Access",如图 13-1 所示,在弹出的对话框中定位到实验所在文件夹,打开"学生成绩.mdb"。

图 13-1 可视化数据管理器窗口

2. 创建数据窗体

(1)执行"实用程序"菜单中的"数据窗体设计器"菜单项,出现"数据窗体设计器"对话框。在"窗体名称(不带扩展名)"框中输入"Course",在"记录源"组合框中选择"课程基本信息表",这时,"可用的字段"列表框中列出该表的所有字段,单击">>"按钮将其全部移到"包括的字段"列表框中,如图 13-2 所示。

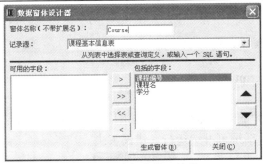

图 13-2　数据窗体设计器

(2)单击"生成窗体"按钮，当所有字段消失后，数据窗体被加入到当前的工程中。

(3)单击"关闭"按钮，关闭"数据窗体设计器"对话框。此时，在工程中生成的数据窗体如图 13-3 所示，以"frmCourse"文件名保存该窗体。

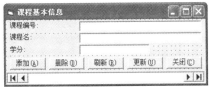

图 13-3　自动生成的窗体

图 13-4　运行后的数据窗体

(4)单击"工程"菜单中的"成绩管理系统属性"菜单项，出现"工程属性"对话框。在"启动对象"组合框中选择"frmCourse"，确定并运行工程。这时，窗体如图 13-4 所示，可以通过命令按钮执行相应的数据表操作。

3. 完善课程管理代码

(1)在运行的"课程基本信息"窗口中重复执行删除操作，删除所有的课程信息，并再次单击"删除"，出现错误提示，如图 13-5 所示，该类型错误在运行时会导致程序崩溃，应进行相应的错误处理。

图 13-5　VB 错误提示窗口

(2)单击"调试"，系统进入调试状态，如图 13-6 所示。

图 13-6　VB 定位到的错误行

经分析，错误产生的原因为当前已经没有任何记录，无法执行删除操作，为防止出现程序崩溃，应添加错误处理代码。

(3)停止程序，修改代码如下：

```
Private Sub cmdDelete_Click()
    On Error GoTo errmsg
    Data1.Recordset.Delete
```

```
        Data1.Recordset.MoveNext
        Exit Sub
errmsg:
        MsgBox Err.Description
End Sub
```

(4)再次运行并单击"删除"命令，弹出如图 13-7 所示的提示，该提示为友好提示，不会导致系统崩溃，关闭后系统可继续运行，错误解决。

图 13-7　用户操作错误提示

(5)为删除命令做进一步优化，使其在删除前给出提示(图 13-8)，让用户确认是否真的要删除，防止用户误操作。

```
Private Sub cmdDelete_Click()
        On Error GoTo errmsg
        If MsgBox("真的要删除当前记录吗", vbYesNo, "信息提示")=vbYes Then
                Data1.Recordset.Delete
                Data1.Recordset.MoveNext
        End If
        Exit Sub
errmsg:
        MsgBox Err.Description
End Sub
```

图 13-8　删除确认窗口

四、实验分析及知识拓展

本实验主要让学生根据所学知识，通过课程基本信息管理窗体的创建，掌握可视化数据管理器的使用，在程序运行过程中发现错误，并结合 VB 提供的调试工具，找出错误原因，合理处理错误，以此增强学生处理实际问题的能力，增强学生对程序调试的认识。在此实验的基础上，可对添加、更新等功能进行调试，进一步完善自己所设计的课程管理界面的功能。

五、拓展作业

1. 拓展作业任务

打开光盘上的"实验结果\第 13 章\拓展作业一\成绩管理系统.vbp"，运行程序，了解实验任务，然后根据提供的实验素材，完善课程基本信息管理、学生基本信息管理的功能。

2. 拓展作业所需素材

本拓展作业所需素材文件在配套光盘中的位置：实验素材\第 13 章\拓展作业一。

3. 本作业用到的主要操作提示

运行程序进行各种操作，尽可能发现程序中的错误，并使用调试工具、错误处理等修改、完善课程基本信息管理、学生基本信息管理的功能。

实验二　成绩管理的实现

一、实验目的及实验任务

1. 实验目的

利用 ADO Data 控件、DataGrid 控件及标准控件，实现成绩的查询、添加、修改、删除等操作。通过本实验，让学生掌握 ADO Data 控件、DataGrid 控件的基本使用方法，加深对 SQL 语句的理解，提高学生使用 VB 解决实际问题的能力。

2. 实验任务

打开光盘上的"实验结果\第 13 章\实验二\成绩管理系统.vbp"，运行程序，了解实验任务，然后根据提供的实验素材，实现成绩管理的基本功能。

二、实验所需素材

本实验所需素材文件在配套光盘上的位置：实验素材\第 13 章\实验二。

三、实验操作过程

本实验为综合性实验，其功能相对复杂，分三部分完成。

复制光盘上"实验素材\第 13 章\实验二\"文件夹到合适位置，打开"成绩管理系统.vbp"。

1. 成绩查询功能的实现

1）成绩管理界面设计

（1）新建窗体，设置窗体的 Caption 属性的值为"成绩管理"，名称为 frmScoreManage。

（2）如图 13-9 所示，在窗体上放置一个 Frame 框架控件、四个标签控件、四个文本框控件、四个命令按钮控件、一个 ADO Data 控件、一个 DataGrid 控件，调整位置及大小，并按照表 13-1 设置相应属性。

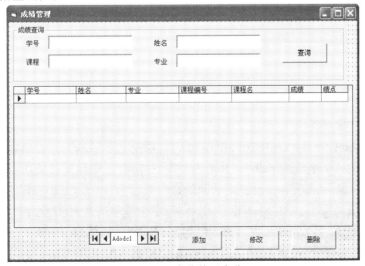

图 13-9　成绩管理窗体

表 13-1　成绩管理窗体控件及属性设置

控件名	属性名	属性值	说　明
Frame1	Caption	成绩查询	框架控件的标题
Label1 (0)	Caption	学号	四个 Label 控件为控件数组，具有相同的名称，Index 值分别为 0、1、2、3
Label1 (1)	Caption	姓名	
Label1 (2)	Caption	课程	
Label1 (3)	Caption	专业	
txtStudentID	Text		四个文本框的内容都设置为空
txtStudentName	Text		
txtCourse	Text		
txtMajor	Text		
cmdQuery	Caption	查询	四个命令按钮的名称、标题
cmdAdd	Caption	添加	
cmdEdit	Caption	修改	
cmdDel	Caption	删除	
Adodc1	Visible	False	ADO Data 控件运行时不需要可见

（3）ADO Data 控件设计：

右击 ADO Data 控件，在弹出的快捷菜单中选择"ADODC 属性"，打开其属性设置对话框，如图 13-10 所示。

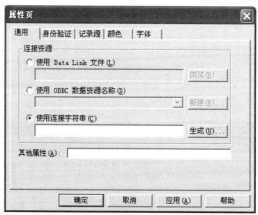

图 13-10　ADODC 属性对话框

选择"使用连接字符串"，单击"生成"按钮，在打开的"数据链接属性"对话框中选择提供程序"Microsoft Jet 4.0 OLE DB　Provider"，单击"下一步"设置相应的连接信息为程序所在文件夹中的"学生成绩.mdb"，并单击"测试连接"，确保连接成功后单击"确定"。

切换到"记录源"选项卡，设置记录源的命令类型为"1-adCmdText"，命令文本（SQL）为"SELECT 成绩表.学号,学生基本信息表.姓名,学生基本信息表.专业,成绩表.课程编号,课程基本信息表.课程名,成绩表.成绩,成绩表.绩点 FROM（成绩表 INNER JOIN 课程基本信息表 ON 成绩表.课程编号=课程基本信息表.课程编号）INNER JOIN 学生基本信息表 ON 成绩表.学号=学生基本信息表.学号"，如图 13-11 所示，然后单击"确定"，完成 Ado Data 控件的设计。

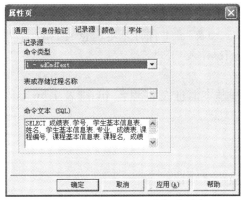

图 13-11　ADODC 记录源选项卡

（4）DataGrid 控件设计：

设置 DataGrid 控件的 DataSource 属性为"Adodc1"，右击 DataGrid 控件，在弹出的快捷菜单中选择"检索字段"，系统提示"是否要以新的字段定义替换现有的网格布局？"，选择"是"，系统将自动完成 DataGrid 控件各个列的相关设置。

再次右击 DataGrid 控件，在弹出的快捷菜单中选择"编辑"，进入 DataGrid 控件的编辑状态，移动鼠标到控件顶端标题栏"学号"、"姓名"列的分隔线上，此时，鼠标指针变为左右拖动图标，按下鼠标左键拖动调整学号列到适当宽度。按照同样的方式调整其他列的宽度。

2）代码编写

双击"查询"按钮并为其编写代码如下：

```
Private Sub cmdQuery_Click()
sqltext="SELECT 成绩表.学号, 学生基本信息表.姓名, 学生基本信息表.专业, 成绩表.课
程编号, 课程基本信息表.课程名, 成绩表.成绩, 成绩表.绩点 FROM（成绩表 INNER JOIN 课
程基本信息表 ON 成绩表.课程编号=课程基本信息表.课程编号）INNER JOIN 学生基本信
息表 ON 成绩表.学号=学生基本信息表.学号"
    sqlWhere=""
    '学号采用精确匹配
    If Trim(txtStudentID.Text)<>"" Then
        sqlWhere="学生基本信息表.学号='" & Trim(txtStudentID.Text) & "'"
    End If
    '姓名采用模糊匹配
    If Trim(txtStudentName.Text)<>"" Then
        If sqlWhere<>"" Then
            sqlWhere=sqlWhere & "and 学生基本信息表.姓名 like '" & _
            Trim(txtStudentName.Text) & "%' "
        Else
            sqlWhere="学生基本信息表.姓名 like '" & Trim(txtStudentName.Text) & "%' "
        End If
    End If
    '课程名采用模糊匹配
```

```
If Trim(txtCourse.Text)<>"" Then
    If sqlWhere<>"" Then
        sqlWhere=sqlWhere & "and 课程基本信息表.课程名  like '" & _
        Trim(txtCourse.Text) & "%' "
    Else
        sqlWhere="课程基本信息表.课程名  like '" & Trim(txtCourse.Text) & "%' "
    End If
End If
'专业采用模糊匹配
If Trim(txtMajor.Text)<>"" Then
    If sqlWhere<>"" Then
        sqlWhere=sqlWhere & "and 学生基本信息表.专业  like '" & Trim(txtMajor.Text) & "%' "
    Else
        sqlWhere="学生基本信息表.专业  like '" & Trim(txtMajor.Text) & "%' "
    End If
End If
Adodc1.CommandType=adCmdText
If sqlWhere<>"" Then sqltext=sqltext & " where " & sqlWhere
Adodc1.RecordSource=sqltext
Adodc1.Refresh
End Sub
```

为了更加符合实际应用，我们实现了多条件匹配，其中，学号为精确匹配，姓名、课程、专业等为只要保证开头一致的模糊匹配。因为每个条件都有可能使用或不使用，所以需要通过 If 语句进行条件字符串的拼接。

3）运行查询

在工程属性中修改启动对象为刚刚创建的窗体"frmScoreManage"，运行程序，在"姓名"文本框中输入"王"，可以查找到所有王姓同学的成绩，如图 13-12 所示。

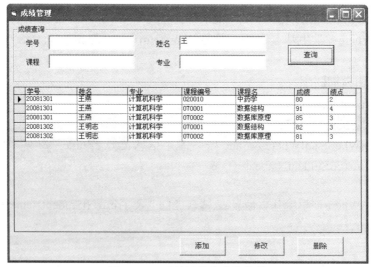

图 13-12　王姓同学的查询效果

2. 成绩录入功能的实现

1）成绩录入界面设计

（1）新建窗体，设置窗体的 Caption 属性的值为"学生成绩"，名称为 frmScore。

（2）在窗体上放置 1 个 ADO Data 控件，设置其连接字符串为"Provider=Microsoft.Jet. OLEDB.4.0；Data Source=学生成绩.mdb；Persist Security Info=False"，记录源类型为"2-adCmdTable"，表或存储过程名称为"成绩表"，单击"确定"完成设置。

（3）如图 13-13 所示，在窗体上放置四个标签控件、四个文本框控件、两个命令按钮控件，调整位置及大小，并按照表 13-2 设置相应属性。

图 13-13　学生成绩窗体

表 13-2　学生成绩窗体控件及属性设置

控件名	属性名	属性值	说明
Label1（0）	Caption	学号	四个 Label 控件为控件数组，具有相同的名称，Index 值分别为 0、1、2、3
Label1（1）	Caption	课程编号	
Label1（2）	Caption	成绩	
Label1（3）	Caption	绩点	
txtStudentID	Text		文本框的内容设置为空
	DataSource	Adodc1	绑定文本框到"学号"字段
	DataField	学号	
txtCourseID	Text		文本框的内容设置为空
	DataSource	Adodc1	绑定文本框到"课程编号"字段
	DataField	课程编号	
txtScore	Text		文本框的内容设置为空
	DataSource	Adodc1	绑定文本框到"成绩"字段
	DataField	成绩	
txtLevel	Text		文本框的内容设置为空
	DataSource	Adodc1	绑定文本框到"绩点"字段
	DataField	绩点	
Command1	Caption	确定	两个命令按钮的标题
Command2	Caption	取消	
Adodc1	Visible	False	ADO Data 控件运行时不需要可见

2）代码编写

分别为按钮 Command1、Command2 编写如下事件过程：

```
Private Sub Command1_Click()
    '确定时更新数据库，并退出
    Adodc1.Recordset.Update
    Unload Me
End Sub

Private Sub Command2_Click()
    '取消时撤销数据更改，并退出
    Adodc1.Recordset.Cancel
    Unload Me
End Sub
```

3. 成绩管理功能的关联

1）代码编写

为实现添加、修改、删除与成绩录入界面的关联，在成绩管理窗体对应的代码窗口中，分别为按钮 cmdAdd、cmdEdit 和 cmdDel 编写如下事件过程：

```
Private Sub cmdAdd_Click()
    '注意以下为对成绩录入窗体的操作
    frmScore.Adodc1.Recordset.AddNew
    '注意此处必须为模式对话框
    frmScore.Show vbModal
    Adodc1.Refresh
End Sub

Private Sub cmdEdit_Click()
    '通过 Filter 属性筛选出当前选择的成绩信息
    frmScore.Adodc1.Recordset.Filter="学号=" & Adodc1.Recordset.Fields("学号").Value _
    & " and 课程编号=" & Adodc1.Recordset.Fields("课程编号").Value
    '注意此处必须为模式对话框
    frmScore.Show vbModal
    Adodc1.Refresh
End Sub

Private Sub cmdDel_Click()
    On Error GoTo errmsg
    If MsgBox("真的要删除当前记录吗", vbYesNo, "信息提示")=vbYes Then
        '通过 Filter 属性筛选出当前选择的成绩信息
        frmScore.Adodc1.Recordset.Filter="学号=" & Adodc1.Recordset.Fields("学号").Value _
        & " and 课程编号=" & Adodc1.Recordset.Fields("课程编号").Value
        frmScore.Adodc1.Recordset.Delete
        '窗体虽没显示，但仍已加载，用完后也要卸载
```

```
        Unload frmScore
        Adodc1.Refresh
    End If
    Exit Sub
errmsg:
    MsgBox Err.Description
End Sub
```

2）运行程序

运行程序，单击"添加"按钮，结果如图 13-14 所示，输入合适的数据并确定，可在成绩管理窗口看到新添加的数据。单击"修改"按钮，结果如图 13-15 所示，当前选择的成绩信息会显示在窗口中。单击"删除"按钮，在得到确认后选定行被删除。

图 13-14　添加成绩窗口

图 13-15　修改成绩窗口

确保程序运行无误，保存程序，结束本实验。

四、实验分析及知识拓展

本实验主要让学生根据所学知识，综合利用 ADO Data 控件、DataGrid 控件及标准控件，以较为接近实际应用的方式解决了成绩的查询、添加、修改、删除等功能。在实验过程中，除涉及 ADO Data 控件、DataGrid 控件、SQL 语句的使用外，还使用了文本框的绑定、窗体之间的相互调用、错误的处理等。在此实验基础上，可结合实际系统，添加相应菜单，将学生基本信息管理、课程管理、成绩管理等功能有机结合起来，进一步完善成绩管理系统。

五、拓展作业

1. 拓展作业任务

打开光盘上的"实验结果\第 13 章\拓展作业二\成绩管理系统.vbp"，运行程序，了解实验任务，然后根据提供的实验素材，完善成绩管理系统的基本功能。进一步，可尝试发布成绩管理系统。

2. 拓展作业所需素材

本拓展作业所需素材文件在配套光盘中的位置：实验素材\第 13 章\拓展作业二。

3. 本作业用到的主要操作

添加一个主窗体，并设计相应的菜单，编写代码实现调用各个窗体的功能。

综合练习

一、单项选择题

1. 常见的数据库不包含_____。

    A. 层次数据库　　　　B. 星形数据库　　　C. 网状数据库　　　D. 关系数据库

2. 利用 VB 建立数据库的外接程序是_____。

    A. 可视化数据管理器　　　　　　　　B. FoxPro

    C. Access　　　　　　　　　　　　　D. Foxbase

3. 数据库中表之间的关系通常有三类，不属于其关系的是_____。

    A. 一对一关系　　　B. 一对多关系　　　C. 层次关系　　　D. 多对多关系

4. 数据库系统的核心是_____。

    A. 数据库管理系统　　　　　　　　　B. 数据库

    C. 数据模型　　　　　　　　　　　　D. 软件工具

5. 最常用的一种基本数据模型是关系数据模型，它的表示应采用_____。

    A. 树　　　　　　B. 网络　　　　　C. 图　　　　　　D. 二维表

6. SQL 语言的中文全称为_____。

    A. 关系语言　　　B. 结构化语言　　C. 查询语言　　　D. 结构化查询语言

7. 不属于数据定义语言的是_____。

    A. INSERT　　　　B. CREATE　　　C. ALTER　　　　D. DROP

8. 往指定表添加一条新记录的 SQL 命令是_____。

    A. INSERT　　　　B. INTO　　　　C. INSERT INTO　D. SELECT

9. SELECT 语句中用来对结果集进行排序的关键字语句是_____。

    A. ORDER BY　　　B. ORDER　　　C. DESC　　　　D. ASC

10. 从 stud 表中查询性别为女的所有记录，对应的 SQL 语句正确的是_____。

    A. SELECT * FROM STUD ORDER BY 性别=女

    B. SELECT * FROM STUD WHERE 性别=女

    C. SELECT * FROM STUD FOR 性别=女

    D. SELECT * FROM STUD WHERE 性别="女"

11. 从 stud 表中删除姓名为"李飞"的记录，对应的 SQL 语句正确的是_____。

    A. DELETE FROM STUD FOR 姓名=李飞

    B. DELETE FROM STUD WHERE "姓名"=李飞

    C. DELETE FROM STUD FOR 姓名="李飞"

    D. DELETE FROM STUD WHERE 姓名="李飞"

12. 从 stud 表中将姓名为"李飞"的年龄改为 23，对应的 SQL 语句正确的是_____。

    A. update stud 年龄=23 for 姓名=李飞

    B. update stud set 年龄=23 for 姓名="李飞"

    C. update stud set 年龄=23 where 姓名="李飞"

    D. update stud set 年龄=23 where 姓名=李飞

13. 往 stud 表(学号、姓名、性别、年龄)中插入一条新记录，对应的 SQL 语句正确的是

_____。

A. INSERT INTO TABLE VALUE("000003", "李宁", "男", 20)

B. INSERT INTO TABLE VALUE("000003", "李宁")

C. INSERT INTO STUD VALUE("000003", "李宁", 20)

D. INSERT INTO STUD(学号) VALUES("000003")

14. ADO 对象模型含有七种对象，其中用于建立一个和数据源的连接的对象是＿＿＿＿。

　　A. Command　　　　　B. Connection　　　C. Recordset　　　D. Field

15. DATA 对象模型中，用于和数据库建立连接的对象属性是＿＿＿＿。

　　A. Name　　　　　　　B. RecordSource　　C. DatabaseName　D. Field

16. ADO 对象模型中，代表数据库表中的一整套记录或执行一条命令而得到的结果的对象是＿＿＿＿。

　　A. Command　　　　　B. Connection　　　C. Recordset　　　D. Field

17. ADO 对象模型中，表示数据库表中的某条记录的某项值的对象是＿＿＿＿。

　　A. Command　　　　　B. Connection　　　C. Recordset　　　D. Field

18. 可以方便地执行 SQL 语句的数据库连接对象是＿＿＿＿。

　　A. Data　　　　　　　B. ADO　　　　　　C. EJB　　　　　　D. ODBC

19. 用来指定 Data 控件中当触发 Validate 事件时所引起操作的参数是＿＿＿＿。

　　A. Action　　　　　　B. Save　　　　　　C. Find　　　　　　D. Initialize

20. 程序员在代码窗口中输入程序代码时所出的错误属于＿＿＿错误。

　　A. 编辑　　　　　　　B. 编译　　　　　　C. 运行　　　　　　D. 逻辑

21. 循环结构不完整而产生的错误属于＿＿＿错误。

　　A. 编辑　　　　　　　B. 运行　　　　　　C. 编译　　　　　　D. 逻辑

22. 除法运算时，除数为零而产生的错误属于＿＿＿错误。

　　A. 编辑　　　　　　　B. 编译　　　　　　C. 运行　　　　　　D. 逻辑

23. 变量未定义而产生的错误属于＿＿＿错误。

　　A. 编辑　　　　　　　B. 编译　　　　　　C. 运行　　　　　　D. 逻辑

24. 程序语法都正确，既通过了编译又能运行，但结果不正确，这样的错误叫做＿＿＿错误。

　　A. 编辑　　　　　　　B. 编译　　　　　　C. 运行　　　　　　D. 逻辑

25. 不属于 VB 程序三种工作模式的是＿＿＿＿。

　　A. 设计模式　　　　　B. 运行模式　　　　C. 中断模式　　　　D. 编辑模式

26. 在 VB 中，设置断点的快捷键是＿＿＿＿。

　　A. F2　　　　　　　　B. F5　　　　　　　C. F8　　　　　　　D. F9

27. 在 VB 中，逐句执行程序的快捷键是＿＿＿＿。

　　A. Ctrl+F5　　　　　　B. F5　　　　　　　C. F8　　　　　　　D. Ctrl+F8

28. 在 VB 中，全编译执行的快捷键是＿＿＿＿。

　　A. Ctrl+F5　　　　　　B. F5　　　　　　　C. F8　　　　　　　D. Ctrl+F8

29. 显示当前过程所有变量的值的一种调试窗口是＿＿＿窗口。

　　A. 本地　　　　　　　B. 立即　　　　　　C. 监视　　　　　　D. 属性

30. 可以测试某个变量或属性值，或交互地执行某些语句的一种调试窗口是＿＿＿窗口。

    A. 本地 　　　　　　 B. 立即 　　　　　 C. 监视 　　　　　 D. 属性

31. VB 6.0 提供的打包向导产生的打包文件夹中包含的文件有_____。

    A. Install.exe 　　　 B. Setup.exe 　　　 C. Setup.bat 　　　 D. Install.bat

32. 下列_____组关键字是 SELECT 语句中不可缺少的。

    A. SELECT、FROM 　　　　　　　 B. SELECT、A11

    C. FROM、ORDER BY 　　　　　　 D. SELECT、WHERE

33. 不能对数据库记录集定位的方法为_____。

    A. Bof 和 Eof 属性 　　　　　　　 B. Move 方法

    C. Find 方法 　　　　　　　　　 D. Seek 方法

二、判断题（正确为**True**，错误为**False**）

1. 关系数据库表中的一行称为字段。 　　　　　　　　　　　　　　 ( )

2. 可按预先规定的逻辑顺序对表中的数据进行排序，称之为索引。 　 ( )

3. 用关系来表示实体和实体之间的联系的数据库称为关系数据库。 　 ( )

4. 用 DELETE 语句操作，不能将数据库里的数据彻底删除。 　　　 ( )

5. SQL 语句的更新操作默认是将所有记录都进行更新操作。 　　　 ( )

6. 用 INSERT INTO 语句时，必须将所有字段一一赋值。 　　　　 ( )

7. 调试程序错误可通过设置断点进行。 　　　　　　　　　　　　 ( )

8. 程序执行到断点位置就会自动退出程序。 　　　　　　　　　　 ( )

9. VB 提供的专供程序调试使用的窗口有本地窗口、属性窗口和立即窗口。 ( )

10. VB 的工程文件可以直接生成.exe 文件。 　　　　　　　　　　 ( )

11. VB 6.0 提供了打包和展开向导来发布应用程序。 　　　　　　 ( )

附录 1　山东省高校计算机等级考试

VB 考试大纲

一、基本要求

本课程是高校本专科学生的一门公共必修的程序设计类课程，为配合计算机应用基础教学改革，以适应新形势下的教学需求，基于《中国高等院校计算机基础教育课程体系 2008》和教育部高等学校计算机科学与技术教学指导委员会编制的《关于进一步加强高等学校计算机基础教学的意见暨计算机基础课程教学基本要求(试行)》，特制定本大纲。

本课程的学习情况事关学生后继课程的学习，事关学生学习其他专业课程时与本课程的结合。课程基础性强、理论与实践相结合，具有很强的实用性，关系到学生综合能力的培养。

在掌握《计算机文化基础》或《大学 IT》等课程的基础上，通过本课程的学习，达到计算机应用能力的基础层次：

① 具备程序设计的基本理论和基本常识；

② 掌握计算机程序设计的基本方法；

③ 具有程序设计思想，掌握具有代表性的、使用较为广泛的微型机编程工具；

④ 掌握一定的数据库系统知识。

二、考试内容

1. VB 概述

(1) Visual Basic 6.0 的特点、功能，Visual Basic 6.0 的三种版本。

(2) Visual Basic 6.0 的安装、启动步骤。

(3) Visual Basic 6.0 集成开发环境的组成。(菜单栏、工具栏、工具箱、窗体窗口、工程资源管理器、属性窗口、窗体布局窗口等)

(4) 概念：可视化程序设计；事件驱动的编程机制；结构化的程序设计语言；对象的三个要素(属性、事件和方法)。

(5) Visual Basic 6.0 有三种工作模式：设计模式(Design)、运行模式(Run)、中断模式(Break)。

(6) 设计 Visual Basic 6.0 应用程序的一般步骤。

2. 数据与表达式

(1) VB 的基本字符集、关键字和标识符。

(2) VB 中的常量、变量、常量及变量的作用域、数据类型、运算符、表达式及常用系统内部函数。

3. VB程序设计初步

(1)窗体。常用属性：Name、Caption、Appearance、AutoRedraw、BackColor、BorderStyle、Enabled、Visible、Movable、MaxButton、MinButton、ControlBox、ForeColor、Font、WindowState、StartUpPosition、Left、Top、Height、Width；常用事件：Click(单击)、DblClick(双击)、Load、Resize、Unload；常用方法：Load、Show、Hide、Unload、Cls、print。

(2)命令按钮。常用属性：Caption、Default、Cancel、Enabled、Style、Picture、Value、Index、Enabled；常用事件：Click(单击)；常用方法：SetFocus。

(3)标签。常用属性：Caption、Alignment、AutoSize、BorderStyle、BackStyle、WordWrap；常用事件：Click、DblClick；常用方法为 Move 方法。

(4)文本框。常用属性：Text、MaxLength、MultiLine、PasswordChar、ScrollBars、MousePointer、Locked、Enabled、SelText。(注意 SelText 和 Text 的区别)

文本框常用事件和方法：除了支持鼠标的 Click、DblClick 事件外，还支持 Change、GotFocus、LostFocus、KeyPress 等事件和 SetFocus 方法。

(5)赋值语句。

(6)程序的创建、打开、保存和运行。

(7)焦点与 TAB 顺序。

(8)多窗体操作：添加窗体、切换窗体、删除窗体、保存窗体、设置启动窗体。

4. 常用控件

(1)图片框(PictureBox)、图像框(Image)的作用及各自常用属性。

(2)定时器(Timer)。属性：Interval；事件：Timer。

(3)单选钮(OptionButton)。常用属性：Value、Caption、Style 等；常用事件：Click。

(4)复选框(CheckBox)。常用属性：Value、Style 等；常用事件：Click。

(5)列表框(ListBox)。常用属性：List、ListCount、Text、ListIndex、Selected、MultiSelect、SelCount、Sorted 等；常用方法：AddItem、RemoveItem 和 Clear。常用事件：Click 等。

(6)组合框(ComboBox)。组合框有三种形式，即下拉式组合框、简单组合框和下拉式列表框。组合框常用属性：Style、List、Text、Sorted 等。常用方法：AddItem、RemoveItem 等；常用事件：Click。

(7)滚动条控件。分为水平滚动条(HScrollBar)和垂直滚动条(HScrollBar)。常用属性：Value、Min、Max、LargeChange、SmallChange 等；常用事件：Change、Scroll 等。

(8)框架控件(Frame)可以用来对其他控件进行分组，以便于用户识别。框架和窗体、图片框一样都是容器。

(9)驱动器列表框、目录列表框和文件列表框的常用属性、事件及应用。

(10)通用对话框(CommonDialog)的常用属性、方法和事件。

5. VB程序设计基础

(1)输入框函数(InputBox 函数)、MsgBox 函数(语句)、注释语句、暂停语句、结束语句。

(2)选择结构(行条件语句、块结构条件语句、多分支条件语句 ElseIf、多分支选择语句 Select Case…End Select)。

(3)循环结构(For…Next 循环、While…Wend 循环、Do…Loop 循环及嵌套循环等)。

(4)程序调试及错误处理。

6. 数组

(1)静态一维、二维数组的定义和使用。

(2)Option Base 1(或 0)的声明位置、作用。

(3)动态数组的定义方法、重定义、使用。

(4)控件数组(什么是控件数组,如何创建控件数组,控件数组的使用)。

(5)与数组相关的函数的使用方法、For Each…Next 语句、Erase 语句。

(6)数组的应用(查找问题、求最值问题、排序操作、统计问题等)。

7. 过程

(1)对象的事件过程、自定义子过程(Sub)、函数过程(Function)。

(2)过程调用及嵌套调用的方法。

(3)调用过程时参数传递的两种方式(按值传递(ByVal)、按地址传递(ByRef))之间的区别。

(4)过程的作用域、标准模块及 Main 过程的使用。

(5)键盘事件过程:掌握 Visual Basic 6.0 中定义的三个键盘事件过程(KeyPress、KeyDown、KeyUp)。

(6)鼠标事件过程:除 Click(单击)、DblClick(双击)事件过程外,掌握 MouseDown、MouseMove、MouseUp 这三个事件。

8. 界面设计

(1)菜单和工具栏设计。

(2)对话框的设计。

(3)多文档界面设计。

9. 文件操作

(1)文件的分类及相应文件的特点。

(2)顺序文件的打开、关闭、读、写操作。

(3)文件操作有关的函数:LOF()函数、LOC()函数、EOF()函数等。

10. 数据库应用及图形操作

(1)有关数据库的基本概念。

(2)SQL 的 SELECT、UPDATE、INSERT 和 DELETE 命令的使用方法。

(3)DATA 和 ADO 控件的使用方法。

(4)VB 标准坐标系统。

(5)常用图形控件和图形方法。

11. 程序设计类常用算法

计数、求和、求阶乘、求最值问题、求两个整数的最大公约数和最小公倍数、判断素数(完数)、排序算法(选择排序/插入排序/合并排序等)、查找算法、迭代法、穷举法、数制转换、矩阵(二维数组)运算、简单字符串处理(文本单词的个数统计及简单字符加密和解密等)。

三、考试形式

考试采用机试形式,满分为 100 分,考试时间为 100 分钟。

在指定时间内,完成下列各项题目:

1. 单项选择题(共 30 题,每题 1 分,共 30 分)。

2. 综合选择题(共 5 题，每题 2 分，共 10 分)。

3. 判断题(共 10 题，每题 1 分，共 10 分)。

4. 基本操作题(共 2 题，每题 10 分，共 20 分)。

5. 简单应用题(共 2 题，每题 10 分，共 20 分)。

6. 编程题(共 1 题，每题 10 分，共 10 分)。

附录2 山东省高校计算机等级考试

VB 考试样题

一、单项选择题：（每题 1 分，共 30 分）

1. 启动 VB 后可进入"新建工程"对话框，以下说法中有错误的是_____。
   A. 选择"新建"选项卡，是创建一个新的工程或应用程序
   B. 选择"现存"选项卡，是将某个工程或程序保存到磁盘上
   C. 选择"最新"选项卡，是打开最近存储的工程或应用程序
   D. "新建"选项卡下列出了 VB6.0 所能建立的应用程序类型

2. 以下窗体名中，合法的窗体名是_____。
   A. _aform   B. 3frm   C. f_1   D. frm 5

3. VB 在线帮助中，在 VB 界面的任何上下文相关部分按_____键，可以显示出有关该部分的帮助信息。
   A. F1   B. F2   C. F3   D. F4

4. 以下标识符中，不合法的是_____。
   A. Abc   B. student   C. 2ab   D. age

5. 以下选项中_____不是常量的表示形式。
   A. 234   B. "ABC"   C. false   D. ABC

6. 在 VB6.0 中，语句 Dim M1#, Abc, Xyz As Single 定义的 M1、Abc 和 Xyz 的类型分别是_____。
   A. 双精度、可变类型、单精度   B. 双精度、单精度、单精度
   C. 双精度、整数型、整数型   D. 双精度、整数型、单精度

7. 数学式子 sin 25° 写成 Visual Basic 表达式是_____。
   A. sin25   B. sin（25）   C. sin（25°）   D. sin（25*3.14/180）

8. 表达式 Left（"Visual", 3）+Lcase（"AB"）的值是_____。
   A. visAB   B. VisAB   C. Visab   D. ualab

9. 设有以下程序，不会出现下标越界错误的是_____。

Option base 1

Dim a（0 to 6）as integer, b（11）as integer
   A. Print a（7）   B. Print a（0）   C. Print b（0）   D. Print b（12）

10. 关于 ReDim 语句，下列说法正确的是_____。
    A. ReDim 语句可以对已定义的固定数组重新声明

B. 可以对同一个动态数组多次使用 ReDim 语句重新定义其大小

C. ReDim 语句可以在过程外出现

D. 一般情况下，ReDim 语句可以改变动态数组的数据类型

11. 当一个工程中含有多个窗体时，它的启动窗体_____。

    A. 只能是正在编辑的窗体   B. 只能是最后一个添加的窗体

    C. 只能是第一个添加的窗体   D. 可以在"工程属性"对话框中指定

12. 在文本框的属性中，用于设定文本框最多可接收字符数的属性是_____。

    A. AutoSize   B. PasswordChar

    C. Text   D. Maxlength

13. 可使图片框根据图片调整大小，需将下列_____属性设置为 True。

    A. Picture   B. AutoSize   C. Stretch   D. AutoRedraw

14. 以下选项中，_____不是列表框的属性。

    A. Caption   B. Text   C. Name   D. Style

15. 定时器的唯一事件是_____。

    A. DbClick   B. Click   C. Timer   D. Change

16. _____时发生 LostFocus 事件。

    A. 对象得到输入内容   B. 对象输出内容时

    C. 对象得到焦点时   D. 对象失去焦点时

17. 设菜单中有一个菜单项为"Open"，若要为该菜单命令设计访问键，即按下 Alt 及字母 O 时，能够执行"Open"命令，则在菜单编辑器中设置"Open"命令的方式是_____。

    A. 把 Caption 属性设置为"&Open"   B. 把 Caption 属性设置为"O&pen"

    C. 把 Name 属性设置为"&Open"   D. 把 Name 属性设置为"O&pen"

18. 在窗体上建立通用对话框需要添加的控件是_____。

    A. Data 控件   B. From 控件

    C. CommonDialog 控件   D. VBComboBox 控件

19. 用 InputBox 函数设计的对话框，其功能是_____。

    A. 只能接收用户输入的数据，但不会返回任何信息

    B. 能接收用户输入的数据，并能带回用户输入的信息

    C. 能用于接收用户输入的信息，不能用于输出任何信息

    D. 专门用于输出信息

20. 下列语句正确的是_____。

    A. IF A≠B THEN PRINT   "A 不等于 B"

    B. IF A<>B THEN PRINTF   "A 不等于 B"

    C. IF A<>B THEN PRINT   "A 不等于 B"

    D. IF A≠B PRINT   "A 不等于 B"

21. 下列程序段的执行结果为_____。

```
Dim t(10)
For k=2 To 10
    t(k) =11-k
Next k
```

x=6

Print t(x)

　　A. 2　　　　　　　B. 3　　　　　　C. 4　　　　　　D. 5

22. 以下关于过程的描述错误的是_____。

　　A. 过程可以被反复调用，从而避免重复编程，缩短开发周期

　　B. 过程能够独立完成特定的功能，可以提高程序的模块化和可读性

　　C. 函数过程，不能返回值，主要完成某种操作

　　D. 过程的创建要遵从严格的语法，必须有开始和结束语句

23. 以下对 KeyPress 事件的描述正确的是_____。

　　A. KeyPress 事件有两个参数

　　B. KeyPress 事件识别的是键盘上的物理键

　　C. KeyPress 事件一般优先于 KeyDown 事件触发

　　D. KeyPress 事件能区分同一键的大小写状态。

24. 通常用于保存成批处理的大量数据，且一般不进行个别数据修改的文件类型是_____。

　　A. 顺序文件　　　　B. 随机文件　　　C. 二进制文件　　D. Word 文件

25. 有固定长度记录结构的文件类型是_____。

　　A. 顺序文件　　　　B. 随机文件　　　C. 二进制文件　　D. Word 文件

26. 常见的数据库管理系统不包括_____。

　　A. 层次数据库　　　B. 星形数据库　　C. 网状数据库　　D. 关系数据库

27. SQL 语言的中文全称为_____。

　　A. 关系语言　　　　B. 结构化语言　　C. 查询语言　　　D. 结构化查询语言

28. ADO 对象模型含有七种对象，其中用于建立一个和数据源的连接的对象是_____。

　　A. Command　　　　B. Connection　　C. Recordset　　　D. Field

29. 程序员在代码窗口中输入程序代码时所出的错误属于_____错误。

　　A. 编辑　　　　　　B. 编译　　　　　C. 运行　　　　　D. 逻辑

30. VB 中不属于三种程序模式的是_____。

　　A. 设计模式　　　　B. 运行模式　　　C. 中断模式　　　D. 编辑模式

二、综合选择题（每题 2 分，共 10 分）

1. 在窗体上添加一个命令按钮 Command1，然后编写如下代码：

```
Private Sub Command1_Click()
    Dim a&, b&
    a=InputBox("请输入第一个数")
    b=InputBox("请输入第二个数")
    Print b+a
End Sub
```

程序运行后，单击命令按钮，在两个输入对话框中先后输入 12345 和 54321，程序的输出结果是_____。

　　A. 66666　　　　　B. 5432112345　　　　C. 1234554321　　　　D. 出错

　2. 有如下程序：

```
Private Sub Command1_Click()
    Dim array1(10, 10) As Integer
    Dim i As Integer, j As Integer
    For i=1 To 3
        For j=2 To 4
            array1(i, j)=i+j
        Next j
    Next i
    Text1.Text=array1(2, 3)+array1(3, 4)
End Sub
```

程序运行后，单击命令按钮，在文本框中显示的值是_____。

  A. 15   B. 14   C. 13   D. 12

3. 设窗体上有一个文本框 Text1，要求只能显示信息，不能输入，应设置属性_____。

  A. Text1.MaxLength=0   B. Text1.Enabled=False

  C. Text1.Visible=False   D. Text1.Width=0

4. 假定程序中有如下语句：

answer=MsgBox("第一个字符串", vbAbortRetryIgnore, "第二个字符串")

if answer>=4 then answer=answer+2 else answer=answer-2

执行该语句后，将显示一个信息框，此时，如果按回车键，则 answer 的值为_____。

  A. "第二个字符串"   B. 1   C. 6   D. 7

5. 有如下过程：

```
Private Sub mysub(a as Integer, b as Integer)
    a=a+2:b=b+3
    Print a, b
End Sub
Private Sub Form_Click()
    Dim x%, y%
    x=2:y=6
    Call mysub(x, y)
    Print x, y
End Sub
```

当单击窗体时，在窗体上最后一行输出的 x，y 的值分别是_____和_____。

  A. 2 6   B. 4 9   C. 0 0   D. 8 5

三、判断题：（每题 1 分，共 10 分）

1. 事件驱动的编程机制就是使对象的某一个事件对应一段代码，又称事件过程，通过操作引发某个事件来驱动事件过程完成某种特定功能。   （　　）

2. VB 语言的最小单位是字符。   （　　）

3. VB 中有两种形式的数组：静态数组和动态数组。   （　　）

4. 图片框和图像框都可用于显示图形。   （　　）

5. 定时器运行时是不可见的，故可以放在窗体的任何位置。   （　　）

6. 弹出式菜单又称快捷菜单。　　　　　　　　　　　　　　　　　　　(　　)

7. 嵌套的 For 语句中，循环变量可以重名。　　　　　　　　　　　　(　　)

8. 对文件操作，常按以下三步执行：打开文件、读写文件和关闭文件。　(　　)

9. 关系数据库以二维表的形式来存放数据。　　　　　　　　　　　　　(　　)

10. 本地窗口只能显示本过程的变量信息。　　　　　　　　　　　　　(　　)

四、基本操作题（每题 **10** 分，共 **20** 分）

1. 基本操作题一

新建一"标准 EXE"工程文件，在名称为 Form1 的窗体上画一个名称为 Text1 的文本框，其高、宽分别为 400、2000。请在属性框中设置适当的属性满足以下要求：

(1)Text1 的字体为黑体，字号为四号，内容为"计算机考试"；

(2)窗体的标题为"输入"，不显示"最大化"按钮和"最小化"按钮。

运行后的窗体如图一所示。

注意：不添加任何代码，存盘时必须存放在考生考号文件夹下的 T4-1 文件夹内，工程文件名为 vbsj1.vbp，窗体文件名为 vbsj1.frm。

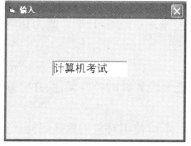

图一　基本操作题一图示

图二　基本操作题二图示

2. 基本操作题二

新建一"标准 EXE"工程文件，在名称为 Form1 的窗体上建立一个名称为 Op1 的单选按钮数组，它包含三个单选按钮，其标题分别为"选项一"、"选项二"和"选项三"，下标分别为 0、1 和 2。初始状态下，"选项二"为选中状态。运行后的窗体如图二所示。

注意：不编写任何代码。存盘时必须存放在考生考号文件夹下的 T4-2 文件夹内，工程文件名为 vbsj2.vbp，窗体文件名为 vbsj2.frm。

五、简单应用题（每题 **10** 分，共 **20** 分）

1. 简单应用题一

打开考生考号文件夹下的 T5-1 文件夹下的工程文件 vbsj3.vbp，在名称为 Form1 的窗体上已经添加了一个名为 lblClock 的标签控件和一个名为 timeClock 的计时器控件。请将标签控件 lblClock 的 Caption 属性设为空串，BorderStyle 属性设为 1，再设置 timeClock 的适当属性，并编写适当的事件过程，使得在运行时，每隔一秒钟在标签中显示的数字从 1 开始自动加 1。如图三所示是程序开始运行时的界面。

请将程序中的注释语句修改为正确代码，并删除注释符号；不能修改已有的程序内容，特别是不能改变程序中已有的变量名称。

注意：

(1)不能修改除注释语句以外的其他代码行和已经设置好的控件属性,并将修改的结果以原文件名原位置存盘。

(2)若涉及给对象属性赋值，必须指定属性名，不可使用对象的默认属性。

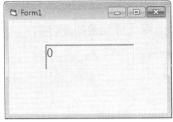
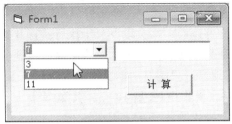

图三　简单应用题一图示　　　　　　　　图四　简单应用题二图示

2. 简单应用题二

打开考生考号文件夹下的 T5-2 文件夹下的工程文件 vbsj4.vbp，窗体的功能是在组合框 cboDivisor 选中一个数作为起始值，单击"计算"按钮(cmdCalc)时，先使用输入对话框输入一个不大于 5000 的整数，然后计算该整数所有大于起始值的因数之和，并将求和的结果显示在名称为 txtResult 的文本框中。程序运行时的界面如图四所示。

要求：

(1)使用属性窗口为组合框 cboDivisor 添加三个列表项，分别为数字 3、7、11；

(2)修改窗体文件的代码，将其中的注释符号去掉，并把问号"？"改为相应的正确程序代码，保证程序能正常运行。

注意：

(1)不能修改除注释语句以外的其他代码行和已经设置好的控件属性，并将修改的结果以原文件名原位置存盘。

(2)若涉及给对象属性赋值，必须指定属性名，不可使用对象的默认属性。

六、编程题(共 1 题，10 分)

试题名称	数字统计
题目及输入、输出文件位置	考生考号下指定文件夹
输入文件名	in.txt
输出文件名	out.txt
试题类型	非交互式程序题
附加文件	无
时限	1 秒
最后生成的可执行文件名	Count.exe

【问题描述】

请打开指定文件夹下的工程文件 Count.vbp，并在标准模块 Module1 中的 main 过程中实现如下功能：在给定的数据序列中，统计指定的关键字在序列中出现的次数，并将结果写入输出文件 out.txt 中。

说明：

(1)输出语句使用 Print，若同一行上输出多个表达式，多个表达式采用紧凑格式输出。

(2)打开文件时，使用相对路径，不使用绝对路径，即直接使用文件名即可。

【输入文件】

输入文件 in.txt 有两行，第一行中第一个数表示数据序列中数的个数，第一行中第二个数表示要查找的关键字，第二行表示给定的数据序列。每个数之间用空格隔开。

【输出文件】

输出文件 out.txt 是一行，表示统计结果。

【输入样例】

5 55

34 23 55 12 55

【输出样例】

2

VB 样题答案

一、单项选择题

1. B	2. C	3. A	4. C	5. D	6. A	7. D	8. C	9. B
10. B	11. D	12. D	13. B	14. A	15. C	16. D	17. A	18. C
19. B	20. C	21. D	22. C	23. D	24. A	25. B	26. B	27. D
28. B	29. A	30. D						

二、综合选择题

1. A　　　2. D　　　3. B　　　4. B　　　5. B

三、判断题

1. True　2. True　3. True　4. True　5. True　6. True　7. False　8. True　9. True

10. True

四、基本操作题

1. 基本操作题一

创建一个文本框对象，通过属性窗口设置 Text1 的 Height、Width、Text 和 Font 属性，设置窗体的 Caption、MaxButton、MinButton 属性，按要求保存窗体文件和工程文件，否则不得分。

2. 基本操作题二

创建三个单选按钮对象，修改三个单选按钮的"名称"属性都为 Op1，建立控件数组（也可通过复制方法创建控件数组）；通过属性窗口设置单选按钮的 Index 属性，将选项二的 Value 属性设置为 True。按要求保存窗体文件和工程文件，否则不得分。

五、简单应用题

1. 简单应用题一参考代码：

```
Option Explicit
Private nCount As Integer
Private Sub Form_Load()
    nCount=1
End Sub
```

```
Private Sub timeClock_Timer()
    lblClock=nCount
    nCount=nCount+1
End Sub
```

2. 简单应用题二参考代码：

```
Private Sub cmdCalc_Click()
    Dim nDividend As Integer, nDivisor As Integer, i As Integer
    Dim Sum As Long
    Sum=0
    nDividend=Int(Val(InputBox("请输入一个小于 5000 的整数作为被除数!","输入", 3000)))
    nDivisor=Int(Val(Trim(cboDivisor.Text)))
    For i=nDivisor+1 To nDividend
        If nDividend Mod i=0 Then
            Sum=Sum+i
        End If
    Next
    txtResult.Text=Sum
End Sub
```

六、编程题

参考代码：

```
Sub main()
    Dim a(), i As Integer, key As Integer, n As Integer, index As Integer
    Open "in.txt" For Input As #1
    Open "out.txt" For Output As #2
    Input #1, n, key
    ReDim a(n-1)
    For i=0 To n-1
        Input #1, a(i)
    Next
    index=False
    For i=LBound(a) To UBound(a)
        If key=a(i) Then
            index=index+1
        End If
    Next i
    Print #2, index;
    Close #1, #2
End Sub
```

附录 3 山东省高校计算机等级考试

VB 考试系统使用说明

一、系统启动与登录

双击桌面上的"计算机应用基础"图标，或者依次选择"开始"→"程序"→"计算机应用基础"→"考试机"，均可启动考试机。系统启动后，出现图 1 所示的登录界面。

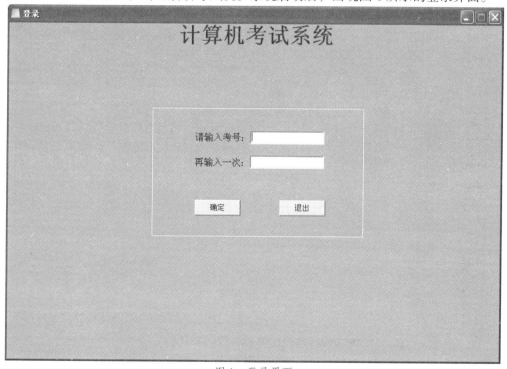

图 1 登录界面

1. 登录

在图 1 所示画面的"登录"窗口中，输入考生考号，需要在上下输入框中各输入一次，两次输入的考号必须一致。

2. 验证

考号输入完毕后，点击"确定"按钮向服务器验证；若点击"退出"，则关闭考试机。

3. 接收考题

验证通过后，将接收考题，如图 2 所示。

图 2　接收考题

4. 进入考试系统

在图 2 中单击"确定",登录界面提示如图 3 所示。

图 3　进入考试

若单击图 3 中的"进入考试",则进入考试界面;若点击"重新登录",则回到登录窗口,输入其他考号再次验证。

二、考试界面

进入考试系统后,考试系统界面如图 4 所示。

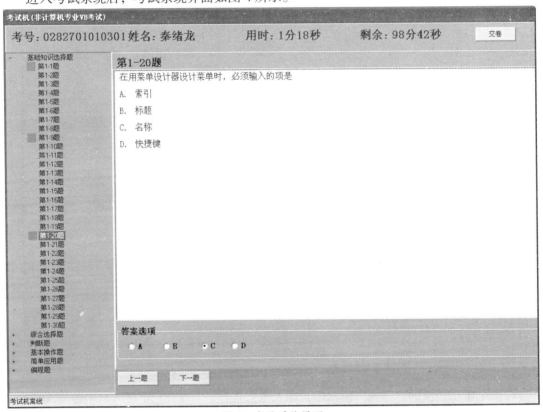

图 4　考试系统界面

1. 信息提示区

信息提示区包括考号、考生姓名,已考时间、剩余时间,如图 5 所示。

考号:0282701010301姓名:秦绪龙　　　用时:1分18秒　　　剩余:98分42秒

图 5　信息提示区

2. 考试操作区

1）左侧树形题目列表

① 单击大题题号左侧的"+"或"-"，展开或收起题目列表。

② 单击相应题号，可选择题目。

③ 对于选择题和判断题，如题号左侧有绿色标记，表示该题已答；如无绿色标记，则表示该题目尚未解答。

④ 对于操作题，选中题号后，右侧将显示相应的题目要求。

2）右侧答题区

对于选择题和判断题，在右侧答题区会显示相应题干或选项，在答题操作区进行选择即可，如图 6 所示。图 6 中左图为选择题答题区，右图为判断题答题区，通过单击单选钮确定答案。

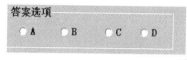 

图 6　答题操作区

对于操作题，右侧答题区除了显示题目要求之外，界面下方提示了本题目文件（及要保存文件）所在的文件夹位置，并提供了"启动环境"按钮，如图 7 所示。

图 7　操作文件所在位置提示

若使用"启动环境"，则打开 VB 环境，考生按题干要求建立或编辑程序文件。考生保存文件时，默认文件夹就是本题指定文件夹。"已做"或"未做"，由考生对自己所做题目进行标记，不影响阅卷。

3. 题目切换按钮

题目切换可通过左侧树形题目列表实现，也可通过考试系统下面的切换按钮来实现，如图 8 所示。

图 8　切换按钮

单击"上一题"或"下一题"，在当前题型范围内向前或向后顺序切换题目，不能跨题型切换。

4. 交卷区

单击考试系统右上方的"交卷"按钮，如图 9 所示，则可进入交卷步骤。

图 9　交卷

若未到达所要求的交卷时间，则单击"交卷"按钮后，将会出现图 10 所示提示。

图 10　未到交卷时间提示

若允许交卷，则提示如图 11 所示，进入交卷倒计时。

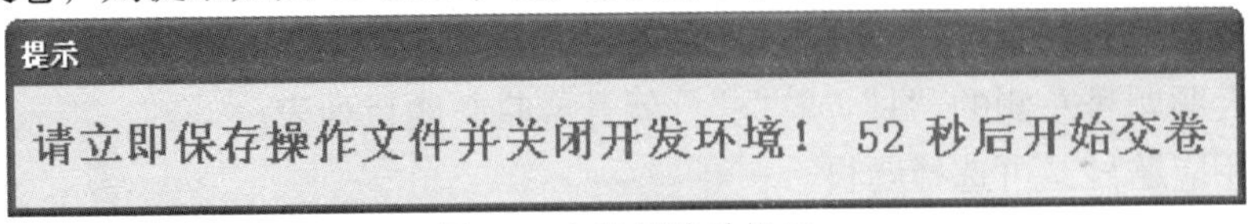
提示
请立即保存操作文件并关闭开发环境！ 52 秒后开始交卷

图 11　交卷倒计时提示

交卷完成后，提示如图 12 所示。

计算机...
考试结束！
确定

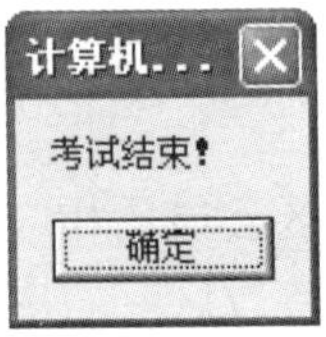

图 12　交卷成功

此时，考试正常结束，考生可离开考场。